Discovery EDUCATION

맛있는 과학

디스커버리 에듀케이션
맛있는 과학-48 발명과 발견

1판 1쇄 발행 | 2012. 8. 3.
1판 4쇄 발행 | 2018. 3. 11.

발행처 김영사
발행인 고세규
등록번호 제 406-2003-036호
등록일자 1979. 5. 17.
주 소 경기도 파주시 문발로 197(우10881)
전 화 마케팅부 031-955-3102 편집부 031-955-3113~20
팩 스 031-955-3111

값은 표지에 있습니다.
ISBN 978-89-349-5852-9 64400
ISBN 978-89-349-5254-1 (세트)

좋은 독자가 좋은 책을 만듭니다. 김영사는 독자 여러분의 의견에 항상 귀 기울이고 있습니다.
독자의견전화 031-955-3139 | 전자우편 book@gimmyoung.com | 홈페이지 www.gimmyoungjr.com
어린이들의 책놀이터 cafe.naver.com/gimmyoungjr | 드림365 cafe.naver.com/dreem365

어린이제품 안전특별법에 의한 표시사항

제품명 도서 **제조년월일** 2018년 3월 11일 **제조사명** 김영사 **주소** 10881 경기도 파주시 문발로 197
전화번호 031-955-3100 **제조국명** 대한민국 ⚠**주의** 책 모서리에 찍히거나 책장에 베이지 않게 조심하세요.

최고의 어린이 과학 콘텐츠
디스커버리 에듀케이션 정식 계약판!

Discovery EDUCATION
맛있는 과학

48 | 발명과 발견

박현 글 | 최승협 그림 | 류지윤 외 감수

주니어김영사

차례

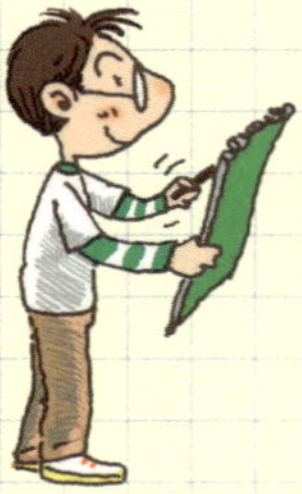

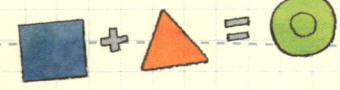

1. 발명과 발견이 뭘까요?

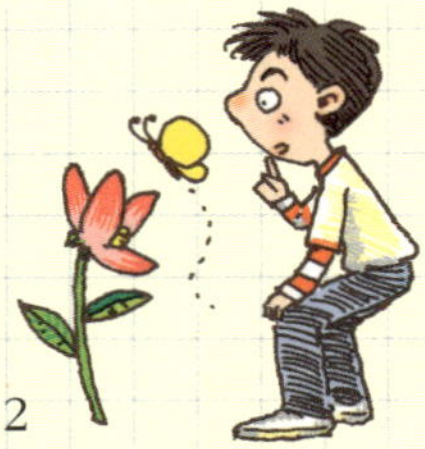

2. 발명의 기법

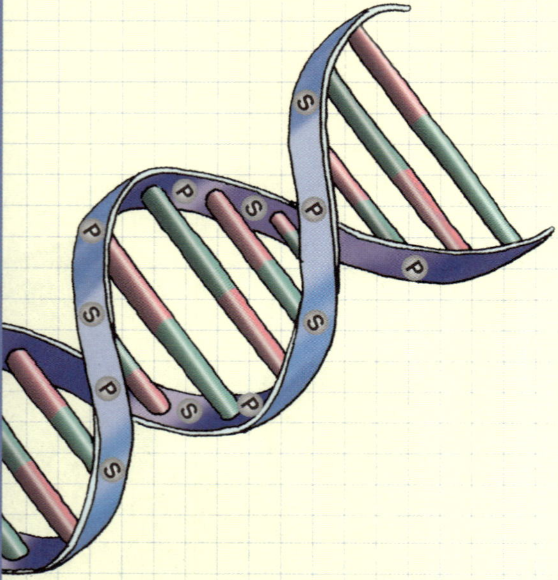

3. 우리 집 안의 발명과 발견

4. 발명, 발견 음식에도 있다!

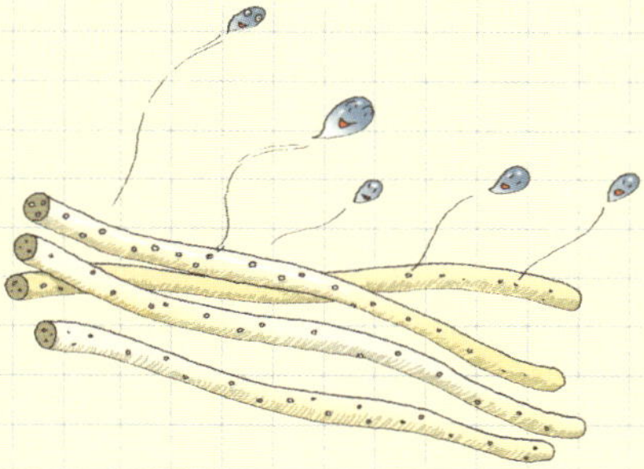

5. 일상생활을 바꾼 발명과 발견

관련 교과

초등 3학년 1학기 1. 우리 생활과 물질
초등 5학년 1학기 2. 전기 회로
중학교 2학년 3. 우리 주위의 화합물

1. 발명과 발견이 뭘까요?

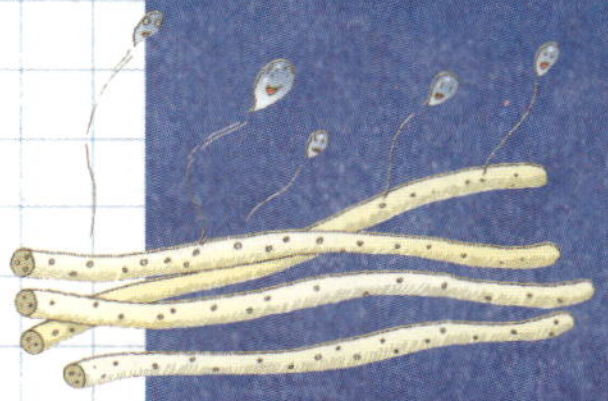

발명왕 에디슨은 특히 전구로 유명합니다. 그리고 지구가 돈다는 사실을 처음으로 발견한 사람은 코페르니쿠스입니다. 그런데 에디슨이 전구를 만든 것을 발명이라고 하고, 코페르니쿠스가 지동설을 알아챈 것을 발견이라고 합니다. 새로운 것이 우리의 삶에 들어와 큰 변화를 일으켰다는 점은 똑같은데, 발명과 발견이 무엇이 다른지 함께 알아보아요.

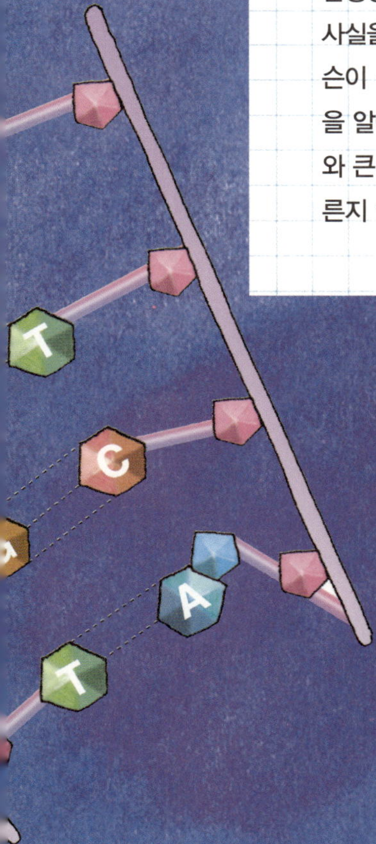

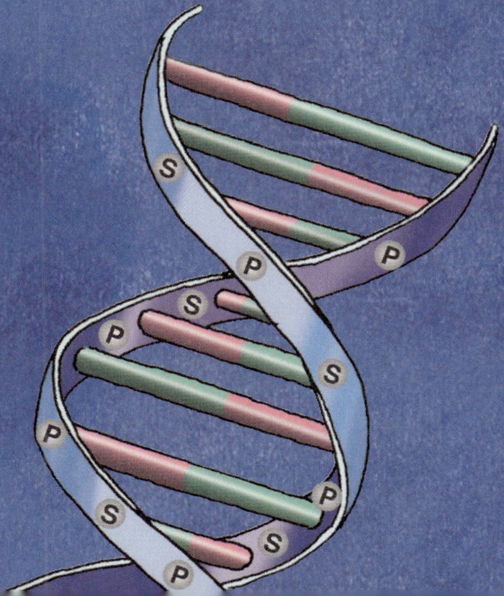

일상생활에서 사용하는 도구

오늘 하루에 있었던 일을 떠올려 볼까요? 아침에 일어나자마자 우리는 세수를 하고, 이를 닦고 옷을 갈아입었습니다. 그리고 준비물을 챙기고, 가방을 가지고 차를 타고, 혹은 친구들과 걸어서 학교에 갔습니다. 학교에서는 의자에 앉아 책상에서 공부했지요. 점심도 맛있게 먹었습니다. 그리고 집에 왔습니다. 엄마가 간식을 주셔서, 간식을 먹으면서 텔레비전도 조금 보았습니다. 컴퓨터를 이용해 숙제도 하고, 음악도 들었지요. 우리가 이렇게 무심코 보내는 하루 동안 얼마나 많은 물건을 사용하고, 도구들을 이용했을까요?

칫솔, 치약, 옷, 가방, 책상, 의자, 음식을 만드는 도구들, 텔레비전, 컴퓨터, MP3 재생기 등은 우리에겐 너무나 일상적이고 익숙한 물건들입니다. 그렇다면 이런 물건들은 원래부터 있었을까요?

아닙니다. 우리에게 편리한 이러한 것들은 누군가가 고민하여 만들거나, 생활 속에서 발견한 발명과 발견의 결과입니다. 이러한 발명과 발견이 없었다면 우리는 이렇게 편안한 생활을 할 수 없었을 거예요. 하지만, 우리는 그동안 별 호기심 없이 이러한 것들을 지나쳐 왔을지도 모릅니다. 혹시 호기심이 있었다고 하더라도 그것이 어떻게 발견되거나 발명되었는지 그 호기심에 대한 답을 찾기가 어려웠을 거예요.

발명과 발견은 모두 이러한 호기심을 풀기 위해 노력한 결과입니다. 생활을 더욱 편리하게 만드는 발명과 발견에는 어떤 것이 있는지 궁금하지 않나요? 지금부터 우리 생활 속의 발명과 발견들을 살펴보아요.

발명과 발견은 닮았지만 조금 달라요

먼저, 발명이란 무엇일까요? 발명은 자신의 상상이나 생각으로 아직 없던 기술이나 물건을 만드는 것을 말합니다. 그렇다면 발명은 어려운 것일까요? 그렇지 않습니다. 발명은 일단 일상생활에서부터 시작할 수 있습니다. 만약 우리 생활에서 불편한 점이 있다면 그것을 개선하려고 노력하겠지요? 그 개선하는 과정이 발명이 될 수 있습니다. 또한, 발명은 과학에서부터 시작될 수 있어요. 과학을 통해 우리는 무언가의 원리를 알 수 있기 때문이지요. 이러한 과학의 원리는 새로운 무엇을 만드는 이론적인 힘이 되어 줍니다.

발명
발견
나도 그 차이점이 무척 궁금해!

그렇다면 발견은 무엇일까요? 발견이란, 미처 찾아내지 못하였거나 아직 알려지지 않은 사물이나 현상, 사실 따위를 찾아내는 것을 말합니다. 생활 속에서 혹은 과학적 이론 속에서 그동안 몰랐던 것들을 찾아내어서 그 현상을 설명하는 것도 발견입니다. 또한 그동안 사용하지 않았던 사물 등을 찾아

내서 우리 생활을 편리하게 하는 것도 발견입니다.

이처럼 발명과 발견은 모두 우리 생활을 편리하게 발전시켜 준 과학적으로 의미 있는 활동입니다. 새로운 것을 찾아내거나 만들어 내는 발명과 발견이 우리 생활을 발전시켜 갈 수 있도록 도와준 것이니까요. 이것들의 과학적 의미를 이해하기 위해서는 이 두 단어의 차이점과 공통점을 잘 알아두어야 합니다.

TIP 요건 몰랐지?

우리나라의 대표적인 발명가 장영실

우리나라를 대표하는 발명가로는 누가 있을까요? 많은 사람들이 장영실을 떠올릴 것입니다. 장영실은 조선 시대 사람인데 지금의 부산인 동래현 관청에서 일하는 노비였어요. 그런데 세종 대왕이 장영실이 발명가로서 재주가 많다는 것을 인정하여 발탁하였지요.

세종 대왕은 장영실을 중국에 보내 천문 기기의 모양을 배워오도록 했는데, 귀국 후 장영실이 물에 의해 자동으로 작동되는 물시계인 자격루와 옥루를 만들어서 세종 대왕으로부터 아낌을 받았습니다. 또한 천문 관측을 위한 기본 기기인 대간의, 소간의를 비롯하여 휴대용 해시계인 현주일구, 천평일구, 방향을 가리키는 정남일구, 큰길에 설치한 시계인 앙부일구, 밤낮으로 시간을 알리는 일성정시의 등을 만들었어요.

세종 대왕이 장영실에게 천문 관측기구를 개발하도록 한 것은 조선 시대에 농사짓는 것이 무

장영실은 해시계를 제작했다.
© Bernat@flickr.com

장영실은 천문 관측기구인 혼천의를 만들었다.

엇보다 중요했기 때문이에요. 농사는 날씨와 밀접한 관련이 있기 때문에 천문 관측을 통해 계절의 변화를 파악한 후 농사에 적절한 시기를 알려 주어서 도움을 주려고 한 것이지요. 그리고 구리로 만든 금속활자인 갑인자의 주조에 참여해서 인쇄술 발달에도 도움을 주었습니다. 장영실이 개발한 도구는 사람들의 생활을 편리하게 해 주었지요..

이러한 장영실은 조선 시대뿐만 아니라 지금까지도 가장 대표적인 발명가로 손꼽히고 있어요. 아무리 어려운 환경에서라도 꿈을 잃지 않고 꾸준히 노력한다면 장영실처럼 훌륭한 발명가가 될 수 있을 거예요.

장영실은 생활에 도움이 되는 기구를 많이 만들었어.
옛날에는 시계가 없었다니 참 불편했겠구나.

나도 과학자가 될 수 있다

발명과 발견은 아주 똑똑한 천재 과학자들만 하는 것이 아닙니다. 앞에서 이야기했던 것처럼, 생활 속에서 무엇인가를 찾아낸다거나 불편함을 고치는 것부터 발명이나 발견은 시작될 수 있기 때문에 우리가 일상생활에서 충분히 할 수 있는 일이기도 합니다.

발명과 발견은 어떤 일이나 사물에 대한 호기심과 그것을 알고 싶어 하는 탐구심에서부터 시작됩니다. 호기심과 탐구심을 가지고 현상을 살펴보고, 사고력과 창의력을 가지고 그 생각들을 키워 가려고 노력한다면 우리는 누구나 과학자가 될 수 있습니다. 실제로 역사적으로 위대한 발명과 발견을 한 과학자 중에는 평범한 사람들이 더 많았습니다.

우리가 가장 많이 들어 본 과학자 중 발명왕 에디슨을 생각해 볼까요? 에디슨은 발명가인 동시에 과학자였습니다. 어렸을 적의 에디슨은 그다지 머리가 좋지 않았다고 합니다. 그래서 친구들이 에디슨을 많이 놀렸지요. 하지만 어려운 가운데에서도 연구를 거듭하여, 그가 남긴 수많은 종류의 발명품들은 과학의 획기적인 발전에 많은 도움이 되었습니다.

에디슨의 말 중에 "실패는 성공의 어머니"라는 유명한 말이 있습니다. 그는 전구를 만드는 과정에서 2,000번 이상의 실패를 겪었지만, 그것을 실패가 아니라 전구를 만들기 위한 여러 번의 과정이라고 생각했습니다. 이처

럼, 새로운 물건을 발명해 낼 때마다 에디슨은 자신의 인내와 노력을 충분히 발휘했다고 합니다. 우리도 에디슨처럼 무언가를 탐구할 때 인내와 노력을 발휘한다면, 발명과 발견을 이루어 낼 수 있지 않을까요?

에디슨의 발명품들

에디슨은 어렸을 적에 시골 마을에 있는 초등학교에 다녔습니다. 하지만 이마저도 가정 형편이 어려워 자퇴한 후 집에서 어머니와 함께 공부했습니다. 에디슨은 어려운 가정 형편으로 신문을 돌리고, 철도 전신수 등의 일을 해야 했지만, 과학적 호기심과 탐구심을 버리지 않고 틈만 나면 과학 실험에 열중했습니다. 그리하여, 전기식 투표 기록 장치를 발명하고, 과학자 벨이 발명한 전화기를 좀 더 발전적으로 개량시키고, 전구를 발명하는 등의 성과를 나타낼 수 있었습니다. 에디슨은 발명을 할 때에 사물에 대해서 폭넓은 시야로 살펴보고 생각했다고 합니다. 또한 사물의 본질을 보다 더 잘 이해하기 위해서 다양한 분야의 사람들과 사귀고 열심히 독서를 하며 연구에 임했습니다.

전등.

축음기.

자기 선광기.

영사기.

발명가가 되자!

첫째, 발명가가 되려면 '나도 발명을 할 수 있다!'라는 자신감을 가져야 합니다. 우리는 살아가면서 아침부터 저녁까지의 일상에서 '이건 어떻게 하면 좋지?', '이건 별로인데?', '앗! 이건 왜 이렇게 된 거야?'라는 고민을 자주하게 됩니다. 일상생활에서, 집 안에서, 학교에서 이런 고민들이 생기면, 먼저 '이렇게 했으면 좋겠다.', '이건 어떨까?', '이렇게 된다면 좋을 텐데…….'라는 생각을 할 수 있도록 먼저 자신감을 갖도록 해요. 불편, 곤란, 불만을 이야기하면서 어떻게 하면 편리할 수 있을까 고민하고, 그것을 '내가 한 번 고쳐 볼까?'라는 자신감 있는 사고를 하는 습관을 가진다면 우리도 발명가가 될 수 있습니다.

둘째, 발명은 관찰에서 시작합니다. 우리 주변에는 여러 가지 도구들이 있습니다. 책상, 컵, 연필, 라디오, 탁자……. 정말 셀 수 없이 많지요? 이것들은 우리의 생활을 편리하고, 즐겁게 해 주는 도구들입니다.

음… 뭔가 특별한 게 없을까?
어, 있네. 특별한 거.
뼈다귀

나이트로글리세린

글리세린에 질산과 진한 황산의 혼합물을 작용시켜 얻은 물질을 말합니다. 무색의 액체로 독성이 있으며, 폭발하기 쉽습니다. 다이너마이트 따위 폭약의 원료나 협심증 따위의 치료제로 씁니다.

하지만, 이 도구들도 처음에는 없었던 것이었어요. 생활 속에서 느끼는 불편함을 자꾸자꾸 관찰하고, 고민해서 필요한 도구를 만들었던 것입니다.

여러분들은 시대를 바꾸는 발명을 해낸 과학자들만이 받을 수 있는 상을 알고 있나요? 바로 노벨상입니다. 이 노벨상을 만든 과학자 노벨의 다이너마이트의 발명도 바로 관찰에서부터 비롯된 산물입니다. 원래 노벨은 니트로글리세린이란 액체로 만든 폭약을 파는 상인이었습니다. 그런데 이 나이트로글리세린은 액체이기 때문에 조그마한 흔들림

포스트-잇은 불편을 개선하려고 노력하면서 개발되었다.

다이너마이트를 발명한 노벨.

노벨상.

에도 폭발하는 위험한 물질이었어요. 그래서 운송을 할 때에 항상 폭발에 조심해야만 했습니다.

노벨은 항상 고민했습니다. '쉽게 폭발하지 않는 폭약은 없을까?' 그러던 어느 날, 평소처럼 나이트로글리세린을 운반하던 노벨은 나이트로글리세린이 든 통에서 액체가 뚝뚝 흘러내리고 있는 것을 보았어요. 흘러내리고 있는 액체를 관찰하니 땅 속 모래에 스며들어, 굳어가고 있는 것이 아니겠어요? '혹시, '펑' 하고 갑자기 폭발해 버리는 것이 아닐까?' 하고 노벨은 걱정했지만, 모래에서 굳어진 나이트로글리세린은 발로 밟고 두드려 보아도 폭발하지 않았어요. 이것이 모래에 나이트로글리세린

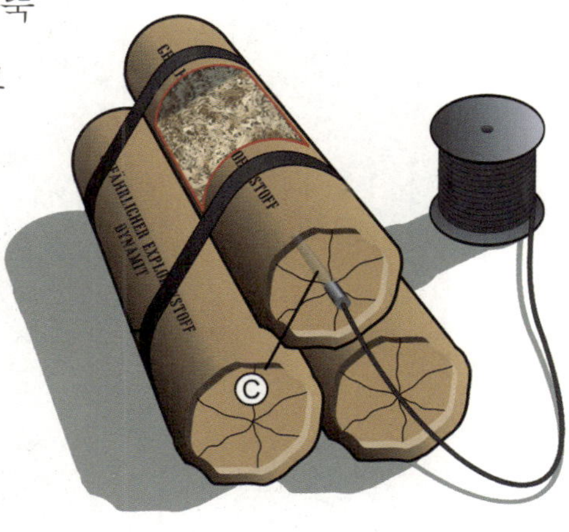

노벨의 다이너마이트.
ⓒ Pbroks13@the Wikimedia Commons

을 흡수시켜 다이너마이트를 만들 수 있었던 대발명의 시작이 되었습니다. 이처럼 똑똑한 과학자들만이 할 수 있을 것 같은 대발명 역시 주변의 일상을 세세하게 관찰하는 과정에서 시작했어요.

셋째, 생각을 그때그때 기록합니다. 여러분들은 혹시 메모왕이라는 말을 들어 봤나요? 미국의 유명한 대통령인 링컨은 모자 속에 종이와 연필을 넣어두고 언제든지 기록할 수 있도록 했습니다. 음악가 슈베르트 역시 머릿속에 떠오르는 악상이 있을 때는 언제나 기록해 두었다고 합니다.

세계의 뛰어난 발명가들 역시 모두 기록하는 일을 일상생활처럼 여겼던 분들이지요. 떠오르는 생각들을 기록하고, 과학적 이론과 연결한 연구를 거듭하여 위대한 발명을 이루어 낸 것입니다.

넷째, 다양하게 생각하는 습관을 기릅니다. 새로운 생각들을 하고 그것을 발명으로 연결시키려면, 때로는 우리가 원래 알고 있던 사실과는 다른 방향에서 생각해 보기도 해야 합니다. 모든 사람들이 '그렇다'라고 믿고 있는 것들에 대해서도 한 번쯤은 의문을 가지고 생각하는 방법이 필요한 것이지요.

발명왕 에디슨은 3,500개의 발명 메모를 남겼다.

또한, 결론을 내리기 모호하고 애매한 답들에 대해서도 지나치지 말아야 합니다. 결론이 불확실하다는 것은 오히려 더 많은 가능성을 열어 두어 상상

의 나래를 펼칠 수 있는 기회가 되기도 한다는 뜻입니다. 수학 문제를 풀 때에는 정해진 답이 있지만, 발명은 그렇지 않아요. 정말 많은 수의 정답들이 있을 수 있습니다.

Q&A 꼭 알고 넘어가자!

문제 1 발명과 발견의 차이점은 무엇일까요?

문제 2 발명과 발견을 잘 하기 위해서 필요한 자질로는 어떤 것들이 있을까요?

3. 축음기, 전등, 영사기, 자기 선광기, 전지, 전동 타자기 등이 있습니다. 축음기는 사람의 목소리를 녹음함으로써 같은 장소와 시간이 아니면 들을 수 없었던 한계에서 벗어날 수 있도록 해 주었습니다. 특히 전등의 발명으로 어두운 밤에도 낮과 같이 활동을 할 수 있게 되었습니다.

4. 먼저 발명가가 될 수 있다는 자신감을 가지고 사물에 대해 자세하게 관찰하고, 다양하게 생각하는 습관을 기릅니다. 남들과 다르게 생각하는 것이 발명의 출발입니다. 또 자신이 생각한 것들을 기록하는 것도 중요한 발명가의 습관입니다.

문제 3 에디슨이 발명한 것들 중에는 어떤 것들이 있나요? 몇 가지만 생각해 봅시다.

문제 4 발명가가 되려면 어떤 노력이 있어야 할까요?

정답

1. 발명은 자신의 상상이나 생각으로 아직 없던 기술이나 물건을 만드는 것을 말하는 것이고, 발견은 이미 있었더라도 미처 찾아내지 못했거나 아직 알려지지 않은 사물, 현상 등을 찾아내는 것을 말합니다. 없었던 것을 만드는 것과 이미 있었던 것을 찾아내는 것이 바로 발명과 발견의 차이입니다.

2. 호기심이나 탐구심, 사고력과 창의력에 무엇인가를 끈기 있게 하는 인내와 노력이 더해진다면 누구라도 발명과 발견을 잘할 수 있습니다. 일상생활에서 겪는 불편한 점을 곰곰이 생각해 개선하려고 노력할 때 발명과 발견의 길이 열립니다.

관련 교과

초등 5학년 2학기 6. 전기 회로 꾸미기
초등 6학년 1학기 1. 빛
중학교 3학년 6. 전류의 작용

2. 발명의 기법

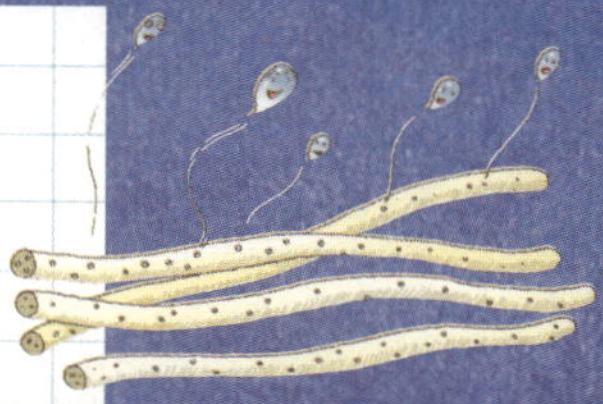

발명은 여러 가지 생각에 따라 서로 다른 결과를 가져옵니다. 따라서 사물들을 대할 때 가능한 한 다양한 방법으로 생각해 보세요. 이미 우리 주변에는 사물들을 더하거나, 빼거나, 나누거나, 모양을 바꿔 보는 등의 과정을 통해서 생겨난 다양한 발명품들이 있습니다. 이제부터 그것들을 살펴볼까요?

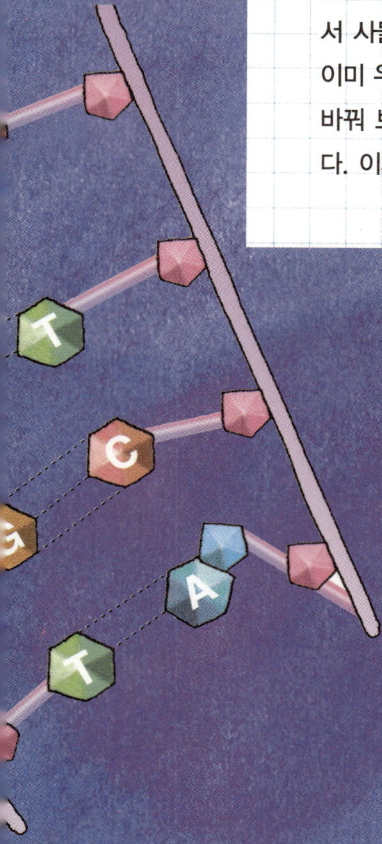

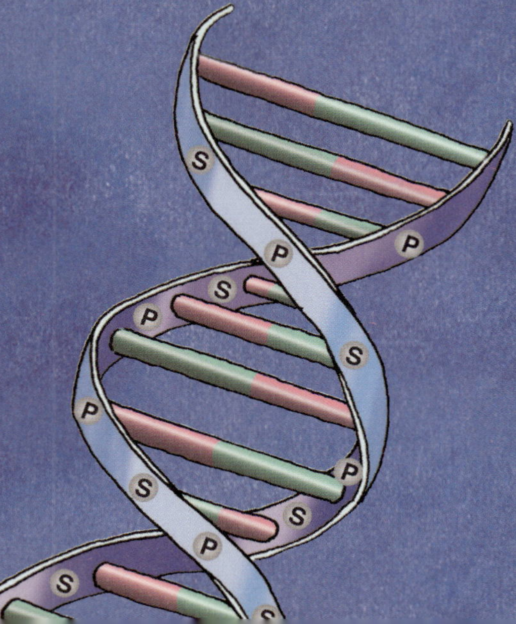

사물들을 더해서 생각하기

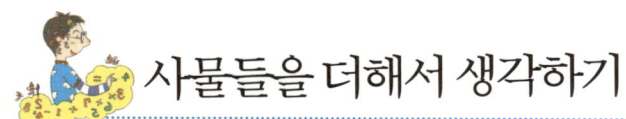

사물 A와 사물 B를 합하여 새로운 사물 C를 만들거나, 사물 A에 여러 가지의 기능들을 덧붙여서 쓰기 편하도록 하는 발명의 기법입니다. 이러한 발명의 기법이 어떻게 쓰였는지 살펴볼까요?

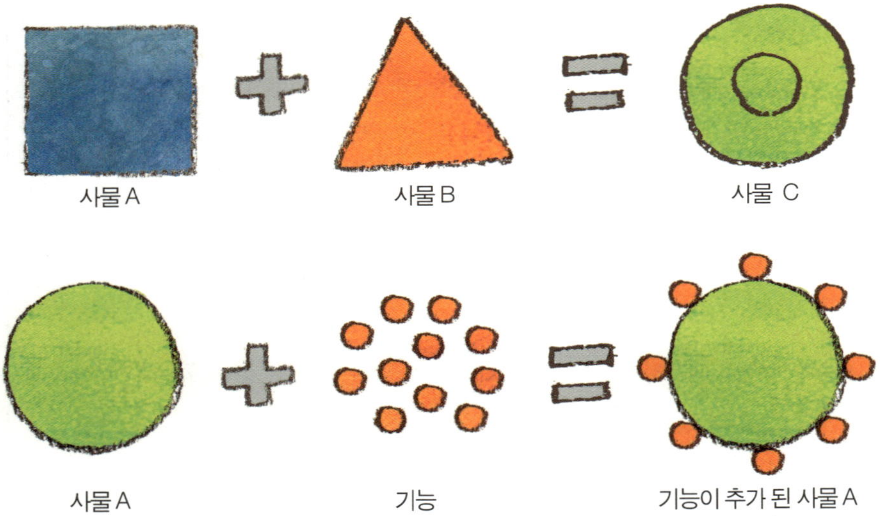

만능 휴대 전화

요즘 휴대 전화는 전화기의 기능에 MP3 재생기, 계산기, 지하철 노선표, 전자 다이어리 등의 기능을 추가하여 만능 휴대 전화가 되었습니다.

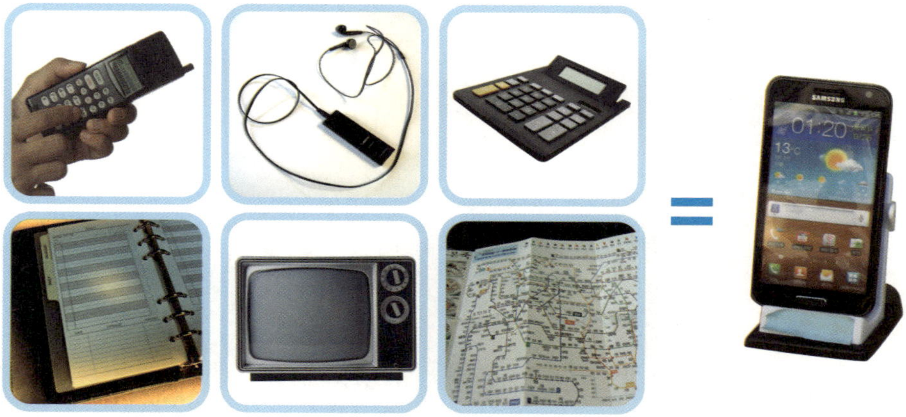

휴대 전화 + MP3 재생기 + 계산기 + 지하철 노선표 + TV + 전자 다이어리 = 다기능 휴대 전화

휴대 전화 하나만으로도 우리는 음악을 듣거나 TV를 보고, 간단한 계산을 하고, 지하철 노선표를 확인하여 시간을 계산하고, 일정을 기록하는 등의 모든 일을 처리할 수 있게 되었어요. 휴대 전화는 점점 더 그 기능을 더해 가고 있습니다.

지우개 달린 연필

수업 시간입니다. 깜빡하고 지우개를 안 가지고 왔어요. '이럴 때 연필에 지우개가 달려 있으면 좋을 텐데…….' 이런 생각으로 발명된 것이 지우개 달린 연필입니다. 연필 뒤에 지우개를 살짝 달아 놓은 지우개 달린 연필 역시 두 가지 사물을 더하는 발명의 기법으로 탄생한 발명품입니다.

연필 + 지우개 = 지우개 달린 연필

벽걸이형 TV

여러분들 집에는 어떤 TV가 있나요? 요즘의 TV들은 공간을 최소화하기 위해 대부분 벽에 걸어 둘 수 있도록 생산되고 있습니다. 벽에 TV가 붙어 있다면 벽의 기능과 TV의 기능을 동시에 하기 때문에 효율적인데 이것도 사물을 더하는 기법을 사용한 것이지요. 탁자 위에 올려 놓았던 TV를 벽에 걸어 둔다는 생각의 전환이 이러한 발명을 가져오게 한 것입니다.

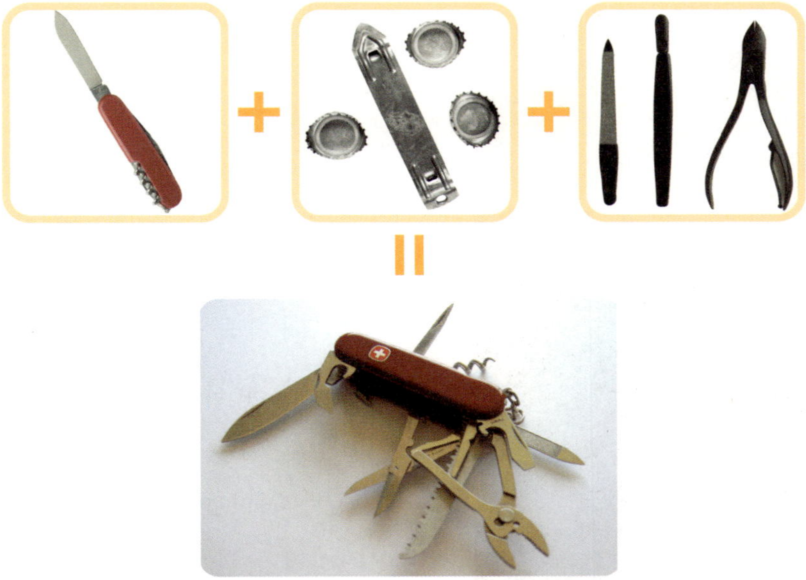

칼 + 병따개 + 손톱깎이 = 스위스 아미 나이프

스위스 아미 나이프

가족들이 함께 등산을 갔어요. 엄마는 가족들을 위해 맛있는 도시락과 과일들을 준비했어요. 음료수를 따기 위해 병따개, 과일을 깎기 위해 과도 등 참 준비할 것이 많은데 여러 개를 준비하는 번거로움을 덜기 위해 엄마는 스위스 아미 나이프(흔히 맥가이버 칼로 불림)를 챙겼습니다. 스위스 아미 나이프는 칼과 송곳, 병따개, 손톱깎이 등이 하나로 합쳐진 등산용 칼이에요. 일반적인 칼에 여러 가지 기능을 더하여서 편리하게 만든 것입니다.

물건의 무게를 측정하여 값을 표시해 주는 저울

엄마와 함께 마트에 갔습니다. 콩나물이 100g에 900원, 맛있는 방울토마토는 100g에 1,200원, 고기는 100g에 2,000원 등의 가격 표시가 되어 있네

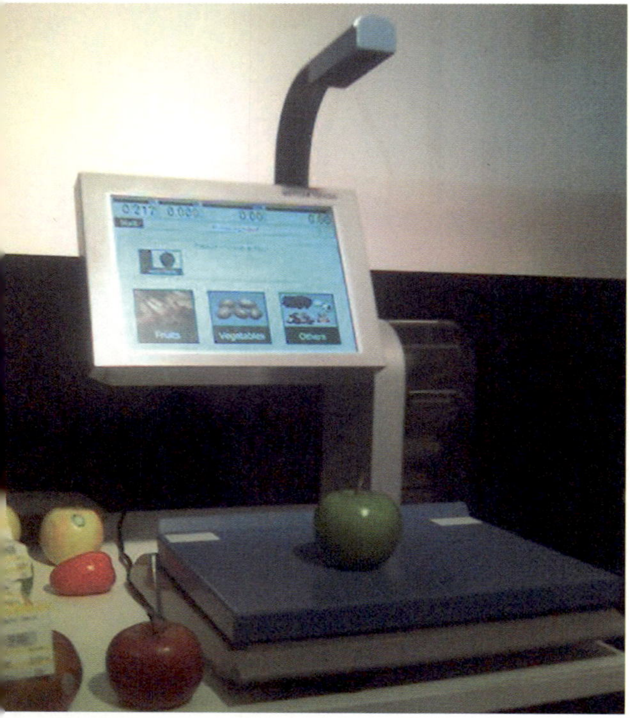

물건의 무게를 측정해 값을 알려 주는 저울.
ⓒ avlxy@the Wikimedia Commons

요. 엄마와 함께 가족이 맛있게 먹을 만큼의 양을 비닐봉지에 넣었습니다. 그런데 이것들의 가격은 어떻게 계산해야 할까요?

너무 복잡하지 않을까 고민을 하면서 계산대로 갔어요. 엄마는 담아 놓은 물건의 봉지들을 하나씩 계산대에 올려 두었지요. '틱' 소리와 함께 자동으로 물건의 그램 수와 가격을 표시한 스티커가 한 장씩 나왔습니다. 계산을 하시는 아주머니는 그것을 물건의 봉지에 붙이셨어요.

편리하지 않나요? 물건의 무게를 측정하여 값을 표시해 주는 저울 역시 여러 가지 기능들을 더해서 만든 발명품입니다.

TIP 요건 몰랐지?

다양한 기능을 가진 물건들

사물을 더하는 발명의 기법으로 발명된 발명품은 이 밖에도 많이 있습니다. 볼펜에 전구를 더하여 만든 라이트 펜, 소리가 나오는 기능과 카드를 더하여 만든 멜로디 카드, 컴퓨터 본체와 모니터, 스피커가 합쳐진 일체형 컴퓨터, 샴푸와 린스를 합한 린스 겸용 샴푸, 훌라후프에 만보기 기능을 더해 개수를 세어주는 훌라후프 등 많은 일상용품에서 그 기법들을 살펴볼 수 있습니다.

라이트 펜.

일체형 컴퓨터.

나누거나 빼 보기

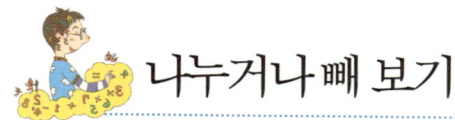

나누거나 빼 보는 발명의 기법은 사물 A를 분리해서 사물 B와 사물 C를 만들거나 사물 A의 어느 한 부분을 제거해 버리는 방법입니다.

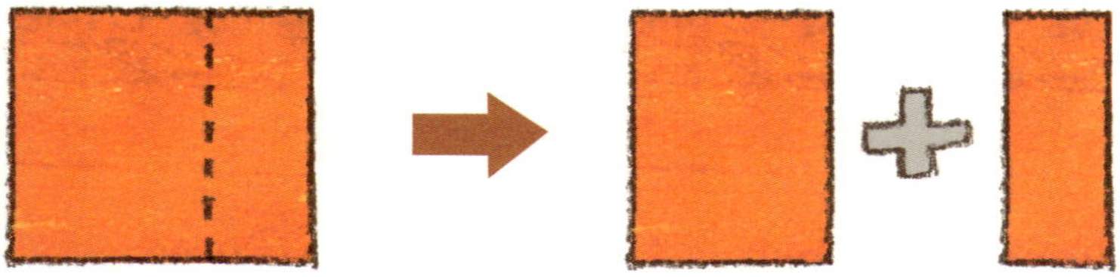

사물 A를 분리해서 사물 B와 사물 C를 만든다.

사물 A의 어느 한 부분을 제거해서 새로운 물건을 만든다.

디지털 카메라

가족이나 친구들과의 추억을 담고 싶을 때, 여러분들은 어떤 카메라를 이용해서 사진을 찍나요? 예전에 우리가 사용하던 카메라는 필름을 넣어 사진을 찍고 현상을 해서 사진을 확인하는 필름 카메라였습니다.

하지만 카메라에 필름을 넣는 수고를 덜기 위해 필름을 넣지 않고 사진을 디지털 파일 형태로 카메라에 직접 저장하는 디지털 카메라가 발명되었어요. 게다가 디지털 카메라는 찍은 사진을 바로 화면을 통해 확인할 수 있고, 기존의 필름이 한정된 분량의 사진만 찍을 수 있었던 것에 비해 보다 많은 수의 사진을 찍을 수 있게 해 줍니다. 이렇듯 디지털 카메라는 필름 카메라에서 필름을 빼는 발명의 기법으로 발명된 것입니다.

필름카메라에서 필름을 빼는 방법으로 디지털 카메라가 발명됐다.

씨 없는 수박, 포도

여러분들은 여름철 과일 중 어떤 것을 좋아하나요? 수박, 포도, 참외 등 우리는 여름철에 특히 많은 과일들을 즐겨 먹습니다. 하지만 수박과 포도

씨 없는 포도.

씨 없는 수박.

등의 과일을 먹을 때는 꼭 씨를 뱉어야 해요. 소화가 잘 되지 않으니까요. 그러한 불편함에서 착안하여 씨 없는 수박과 포도가 발명되었습니다.

선이 없는 다리미

엄마가 가족들의 옷을 예쁘게 다림질하고 계십니다. 그때 전화기가 울립니다. 다리미는 열을 내는 기구라 위험한데, 전화기는 울려 대고, 다리미의 선이 짧아서 전화기가 있는 곳까지 갈 수도 없고, 엄마는 다리미를 손에 들고 이러지도 못하고 저러지도 못하며 당황하고 있어요.

이럴 때 선이 없는 다리미라면, 움직이기가 편리하겠죠? 다리미의 선을 없애고 충전하여 다리미를 이용하는 방법으로 발명된 것이 바로 선 없는 다리미입니다.

TIP 요건 몰랐지?

빼는 방법으로 만든 발명품들

사물에서 무언가를 나누어 분리하거나, 빼는 발명의 기법으로 발명된 발명품은 이 밖에도 많이 있습니다. 자동차의 바퀴를 접을 수 있게 만들어 안으로 감춤으로써 물과 육지 어느 곳에서나 이용할 수 있는 수륙 양용 배, 수술 시 칼날을 이용하지 않고 절개할 수 있도록 만든 레이저칼 등 여러 가지가 있어요. 또한 물건에서 색깔을 빼서 더 예쁘고 보기 좋은 디자인으로 활용한 것들도 있지요. 테이프에서 색깔을 뺀 투명 테이프, 안이 훤히 보이도록 만들어진 누드 핸드폰, 누드 키보드 등이 바로 그런 방법으로 만들어진 것들입니다.

물과 육지를 오가는 수륙 양용 배.
ⓒ Bob Embleton@the Wikimedia Commons

안이 훤히 보이는 누드 세탁기.
ⓒ Bin im Garten@the Wikimedia Commons

모양을 바꿔 보기

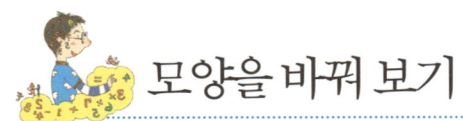

원래 있던 사물 A의 모양을 보다 편리하게 사물 B 모양으로 바꾸는 발명입니다. 기능이나 용도는 변함없지만 단지 모양의 변화만으로도, 물건을 더욱 편리하게 사용할 수 있도록 하는 발명 기법입니다.

올록볼록 화장지

화장실에 걸린 화장지를 살펴보면 여러 가지 모양의 화장지가 있습니다. 원래 화장지는 평평한 모양 한 가지뿐이었습니다. 그런데 모양을 바꿔 올록볼록한 화장지로 만들었더니, 액체를 더욱 잘 흡수할 수 있게 되었어요. 올록볼록 튀어나온 면이 먼저 표면에 닿아 깊이 흡수할 수 있게 되었기 때문이지요.

올록볼록한 화장지가 평평한 화장지보다 물을 잘 흡수한다.

꼬부라진 물파스

여름철 모기에 물려 피부가 가려울 때, 뾰족한 모서리에 부딪혀 멍이 들어 아플 때 우리가 찾는 것이 있습니다. 바로 물파스이지요. 물파스는 액체이기 때문에 붙이는 파스보다 피부에 깊이 침투하여 가려움이나 근육통을 완화시켜 줍니다. 그런데 처음에는 일자형이었던 물파스의 머리 부분을 구부려서 모양을 바꿔 보았더니, 잘 닿지 않는 부분까지 구석구석 그 머리가 닿아 좀 더 편리하게 사용할 수 있게 되었습니다.

머리가 꼬부라진 물파스가 일자형 물파스보다 몸의 구석구석까지 잘 닿는다.

손바닥 부분이 올록볼록한 고무장갑

설거지를 맨손으로 하면 손이 거칠어집니다. 그래서 우리는 설거지를 할 때에 물이 흡수되지 않는 고무로 만든 장갑을 이용합니다. 그런데 고무로 만든 장갑은 미끄러워서 그릇이나 유리컵을 잡으면 떨어뜨리기가 쉬워요. 그래서 고무장갑의 손바닥에 올록볼록한 모양을 만들었어요. 그랬

고무장갑 손바닥에 올록볼록한 모양이 생겨 그릇을 잡기에 편리하게 됐다.

더니, 올록볼록한 부분이 그릇이나 컵을 꽉 잡아 주어 떨어뜨리는 일이 줄어들었습니다.

모양을 바꾼 발명품들

반창고의 모양을 골무 모양으로 바꿔 손가락의 윗부분에 바르도록 만든 일회용 반창고, 끝이 꼬부라져서 음료수를 흘리지 않고 먹을 수 있도록 만든 빨대, 끝을 돌리면 풀이 위로 올라와서 쓰기 편한 딱풀 등 모양을 바꿔서 더욱 편리하게 만든 발명품은 우리의 생활 주변에서 많이 찾아볼 수 있습니다.

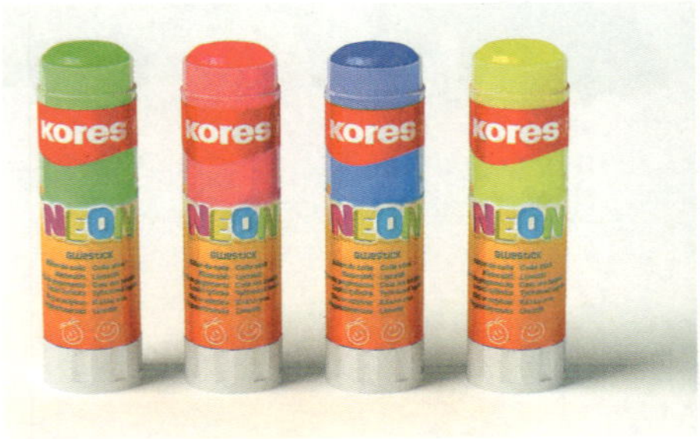

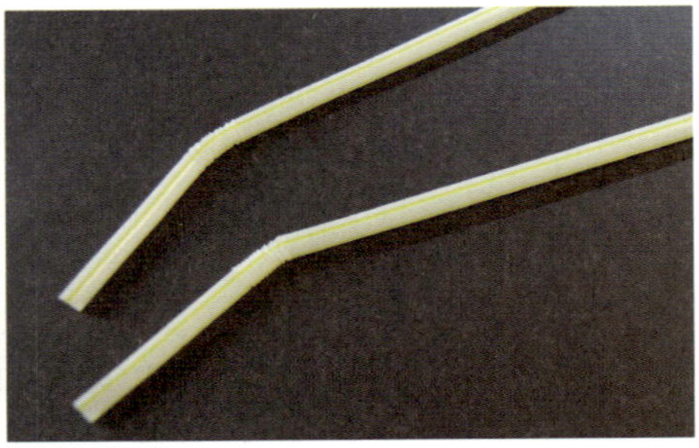

◀딱풀은 끝을 돌리면 풀이 위로 올라오기 때문에 쓰기 편하다. ⓒ DS kores@the Wikimedia Commons
▶끝이 구부러진 빨대는 음료수를 더욱 편히 마실 수 있다.

재료를 바꿔 보기

원래 주로 만들어지고 있던 재료나 원료를 다른 것으로 바꿔서 만드는 발명의 기법입니다. 이미 알려진 재료 이외의 것을 사용하다 보면 기능이 향상되거나 새로운 기능이 발견되기도 합니다.

물건을 만드는 비용을 줄이기 위해 기존의 재료보다 저렴한 재료로 바꾸는 경우도 있고, 몸에 좋은 기능을 더하기 위해 고급스러운 재료로 바꿀 때도 있습니다. 또한 좀 더 휴대하기 편리하게 할 수 있도록 가벼운 재료를 찾기 위해 노력하기도 합니다.

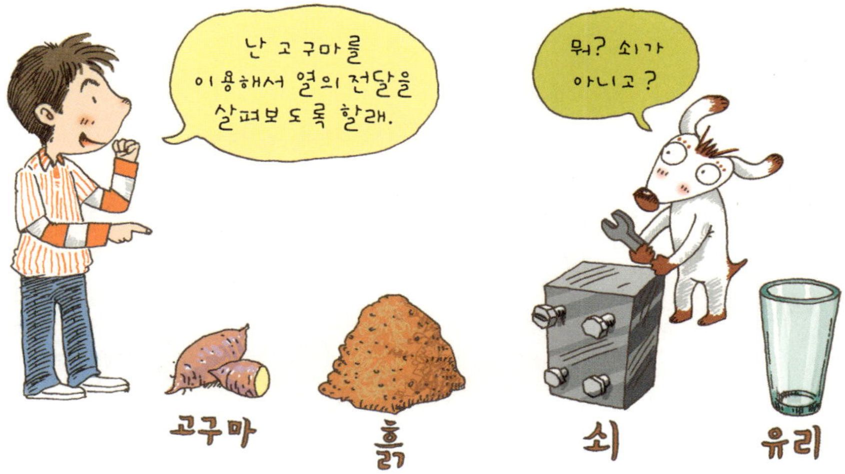

발명을 위해서는 다양한 재료를 가지고 실험해야 한다.

녹말 이쑤시개

식당에 가면 초록색 플라스틱처럼 생긴 이쑤시개를 볼 수 있는데 이것은 녹말로 만든 것입니다. 우리가 일반적으로 사용하던 나무 이쑤시개가 음식물 쓰레기와 함께 버려지면 잘 분해되지 않는 단점을 보완하기 위해서 만들어진 것이지요. 녹말로 만든 이쑤시개는 쉽게 분해됩니다.

녹말로 만들어진 이쑤시개는 쉽게 분해된다.

종이컵과 종이 접시

집에서 사용하는 컵과 그릇들은 보통 유리나 도자기 등으로 만들어져 있습니다. 그런데 이런 컵과 그릇은 소풍을 가는 등의 바깥 활동에 쓰이기에는 무겁고, 일일이 다 씻어야 하는 번거로움이 있어요. 그래서 이동하기에

휴대하고 재활용하기 편리한 종이컵과 종이 접시.

가볍고, 쉽게 버릴 수 있도록 플라스틱이나 알루미늄 등의 재료로 바꿔서 컵이나 그릇을 만들었습니다. 요즘에는 재활용하기 편리한 종이로 만든 종이컵과 종이 접시 등을 더 많이 사용합니다.

아기들이 사용하는 종이 기저귀

갓 태어난 신생아들은 오줌을 자주 쌉니다. 아기들이 오줌을 싸면 예전에는 천으로 만든 기저귀를 입혀 주었습니다. 그런데 천으로 만든 기저귀를 사용하면, 빨고 말리고 하는 데에 많은 시간과 힘이 들기 때문에 엄마들이 기저귀 빨래에 대해 큰 스트레스를 받았습니다. 그래서 기저귀의 재료를 바꿔 종이 기저귀가 개발되었어요. 종이 기저귀는 천으로 만든 기저귀보다 시간을 보다 효율적으로 사용하고 생활을 더 편리하게 만들어 주었습니다.

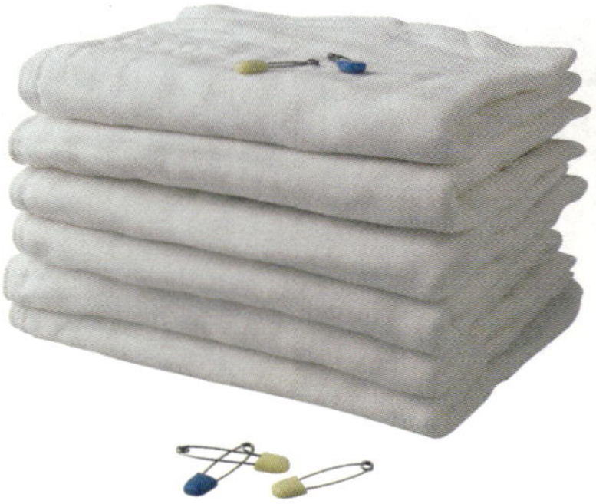

천으로 만든 기저귀.

종이 기저귀는 천 기저귀보다 효율적이다.

재료를 바꾼 발명품들

재료를 바꿔서 만든 발명품은 이 밖에도 많이 있습니다. 자동차의 연료를 바꿔 태양열로 움직이게 하는 태양열 자동차, 물에 적셔 이용하던 물수

인조 잔디.

태양열 자동차.

방탄유리.

건의 재료를 바꾼 종이 물수건, 쉽게 깨지는 유리의 재료를 바꾼 방탄유리, 인조 잔디, 인공 강우 등 재료를 바꾼 많은 발명품이 사용되고 있습니다.

작게 또는 크게 변화시켜 보기

이 방법은 사물 A를 원래의 크기보다 더 작게 만들거나, 더 크게 만드는 발명의 기법입니다. 이러한 방법으로 작게 만들어진 발명품은 가지고 다니기가 편리해 휴대성이 크게 향상되었으며, 크게 만들어진 발명품은 효율성이 향상되었습니다.

귓속에 들어가게 만든 초소형 라디오

운동을 하거나 등산을 할 때, 라디오를 들으면서 한다면 심심하지도 않고 좋겠지요? 게다가 라디오를 손에 들지 않을 수 있다면 운동이나 등산 등의 활동에도 방해가 되지 않아 매우 편리할 것 같습니다. 이러한 요구에 착안하여 발명한 것이 귓속에 들어가는 초소형 라디오입니다.

휴대용 컴퓨터

오늘날 컴퓨터는 우리 생활의 모든 부분에서 사용되고 있습니다. 공부할 때, 정보를 찾을 때, 중요한 파일을 보내고 받을 때 우리는 컴퓨터로 일을 처리합니다. 또 영화를 감상하거나 음악을 듣는 것도 컴퓨터로 할 수 있습니다. 집이나 사무실 등의 공간에서 모니터와 본체, 스피커, 라디오 등을 각각 배치하여 사용하던 컴퓨터를 바깥에서도 사용할 수 있도록 하기 위해 휴대용 컴퓨터가 만들어졌습니다. 요즘에는 그 크기도 점점 작아져서 손바닥 크기만 한 컴퓨터들도 생산되고 있습니다.

풍차

색종이와 막대를 이용하여 바람개비를 만들어 볼까요? 완성된 바람개비를 들고 뛰거나, 바람이 부는 곳을 향해 손을 들어 봅시다. 바람개비가 빙글빙글 돌아가는 모습을 볼 수 있을 거예요. 이 바람개비 모양을 커다랗게 만들어서 발명한 것이 바로 풍차입니다. 풍차는 바람의 힘을 이용해 전기

◀노트북은 컴퓨터를 휴대하기에 편리하도록 발명되었다.
▶ 바람개비의 성질을 이용해서 발명된 풍차. ⓒ Jean-Pol GRANDMONT@the Wikimedia Commons

를 만드는 풍력 발전소입니다. 장난감으로 가지고 놀던 바람개비에서 힌트를 얻어 에너지를 얻을 수 있게 된 것이지요.

극장식 대형 TV

여러분들은 월드컵, 야구 등 스포츠 경기를 감상한 적 있나요? 우리 국민 모두가 한 목소리가 되어 응원하는 국가적 경기는 시청, 종합 운동장, 대공원 등 사람이 많이 모인 곳에서 설치되어 있는 대형 TV를 통해 응원하는 것이, 더 즐겁고 신이 납니다. 어마어마하게 큰 이러한 대형 TV는 보다 많은 사람들이 한꺼번에, 먼 거리에서도 영상을 감상할 수 있도록 제작된 발명품입니다.

크기를 바꾼 발명품

사람의 몸속을 통과시켜 내부의 장기를 관찰할 수 있게 만든 내시경은 카메라를 작게 만든 발명품입니다. 우산을 두 번 또는 세 번으로 접을 수 있게 만든 다단 우산 및 햇빛을 보다 많이 차단할 수 있도록 더 크게 만들어진 골프 우산 역시 모두 본래 사물의 크기를 줄이거나 늘리는 방법으로 발명한 것이지요. 원래의 소리를 보다 크게 만들어 주는 역할을 하는 확성기와 소리를 작게 만들어 주는 자동차의 소음기도 이와 같은 원리로 만들었습니다.

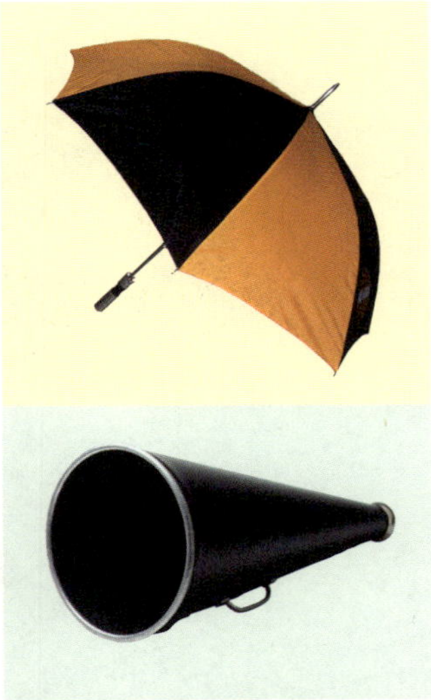

본래의 사물의 크기를 바꾸어 발명된 골프 우산, 확성기.

TIP 요건 몰랐지?

전화기는 누가 발명했을까요?

요즘은 누구나 휴대 전화로 언제 어디서나 다른 사람과 통화를 할 수 있습니다. 그렇다면 이렇게 편리한 전화기는 누가 만들었을까요? 많은 사람들이 알렉산더 그레이엄 벨이 최초로 전화기를 만든 사람이라고 알고 있습니다. 그런데 사실은 다른 사람이 먼저 만들었습니다.

안토니오 무치가 1854년 무렵에 최초의 전화기가 완성했습니다. 그의 사무소와 침실에 있는 병든 아내와의 대화를 목적으로 만든 것이었지요. 그는 전화기의 특허권을 얻는데 충분한 자금이 없었지만 1871년에 일시적인 특허를 얻어 매년 10달러를 지불해 갱신했어요. 특허를 결정적으로 하기 위해서는 250달러를 필요로 했기 때문에 친구에게 도움을 청했지만 20달러 이상 모아지지 않았어요. 결국 1873년 이후로는 특허를 갱신할 수 없었습니다.

그런데 미국의 보스턴에 농아 학교를 세우고 보스턴 대학의 발성학 교수가 된 알렉산더 그레이엄 벨이 음성 연구에서 전기적인 원거리 통화법을 고안하여, 1875년 자석식 전화기를 발명하

안토니오 무치.

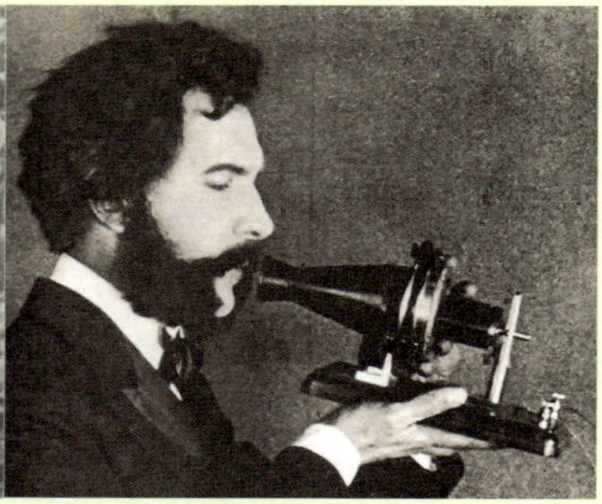

알렉산더 그레이엄 벨.

고, 다음 해에 안토니오 무치 전화에 대한 특허를 취득했어요. 안토니오 무치가 무려 16년이나 앞서 최초의 전화기인 텔레트로포노를 만들었지만, 알렉산더 그레이엄 벨이 1877년 벨 전화 회사를 설립한 후 전화기가 전 세계에 보급되었기 때문에 세상 사람들은 알렉산더 그레이엄 벨이 최초로 전화기를 만들었다고 생각하게 되었습니다.

그런데 알렉산더 그레이엄 벨도 전화기를 보급하는 데에 많은 어려움을 겪었습니다. 투자를 받기 위해 찾아간 웨스턴유니언 대표 윌리엄 오튼은 전화기가 통신 수단이 되기에는 기술적으로 단점이 너무 많고 결국 장난감 이상이 못 된다고 혹평을 했지요. 그렇지만 알렉산더 그레이엄 벨의 꾸준한 노력으로 전화기는 점점 보급되었고, 발명왕 에디슨이 전화기를 개량하여 많은 사람들이 전화기를 쓸 수 있게 되었습니다.

Q&A 꼭 알고 넘어가자!

문제 1 우리는 사물을 다양한 방식으로 보고 새로운 시도를 함으로써 발명을 할 수 있습니다. 이러한 발명의 기법에는 어떤 것이 있나요?

문제 2 사물을 나누거나 빼는 방법으로 생각해서 발명된 것들로는 어떤 것이 있나요?

3. 인조 잔디나 태양열 자동차는 사물의 재료를 바꾸는 방법으로 시도해서 발명된 것입니다. 관리가 쉽지 않은 잔디 대신 인조 잔디를 사용하면 쾌적한 상태를 편리하게 유지할 수 있고, 태양열 자동차는 연료비를 아끼고 공해를 줄일 수 있습니다.

4. 내시경, 다단 우산, 확성기, 소음기, 풍차, 극장식 대형 TV 등이 있습니다. 카메라를 작게 만든 내시경은 몸속을 직접 관찰함으로써 질병을 조기에 치료할 수 있고, 풍차는 공해 없이 전기를 만들 수 있습니다.

문제 3 태양열 자동차나 인조 잔디 등은 어떤 발명의 기법으로 생각해서 만들어진 것인가요?

문제 4 모양을 크게 또는 작게 변화시킴으로 만들어진 발명품은 어떤 것이 있나요?

정답

1. 발명의 기법으로는 사물을 더해서 생각해 보기, 나누거나 빼보기, 모양을 바꿔 보기, 재료를 바꿔 보기, 사물을 작게, 또는 크게 변화시켜 보기 등의 방법들이 있습니다. 이와 같이 전혀 새로운 물건을 만드는 것 이외에 이미 있는 물건을 개량하는 것을 통해 유용한 물건을 만들 수 있습니다.

2. 누드 키보드, 레이저 칼, 수륙 양용 배, 씨 없는 수박, 선 없는 다리미, 디지털 카메라 등이 있습니다. 이외에도 과일을 먹을 때 씨를 골라내야 하는 불편을 없앤 씨 없는 수박이나 선을 없앰으로써 집 안을 자유롭게 다닐 수 있는 선 없는 다리미는 생활을 더욱 편리하게 해 줍니다.

관련 교과

초등 3학년 1학기 1. 우리 생활과 물질
초등 6학년 2학기 6. 편리한 도구
중학교 2학년 3. 우리 주위의 화합물

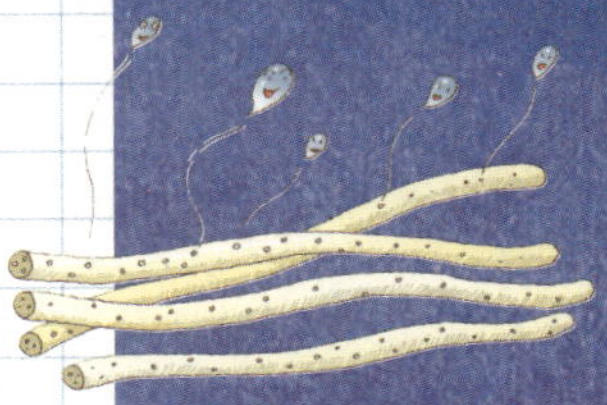

3. 우리 집 안의 발명과 발견

발명과 발견의 과학적 산물들은 우리 생활 곳곳에서 사용되고 있습니다. 그렇다면 우리 집 안에서 쉽게 볼 수 있는 발명, 발견품은 어떤 것들이 있을까요? 거실에도 방에도, 부엌에도 수없이 많은 것들이 있을 거예요. 집 안을 차근차근 둘러보면서 발명과 발견에 대하여 이야기해 보아요.

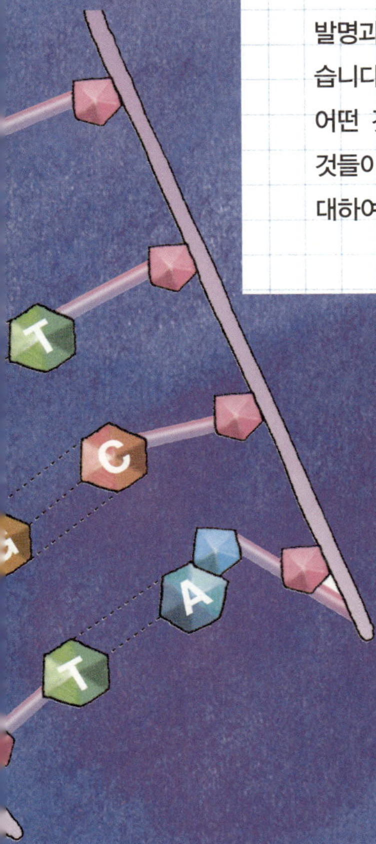

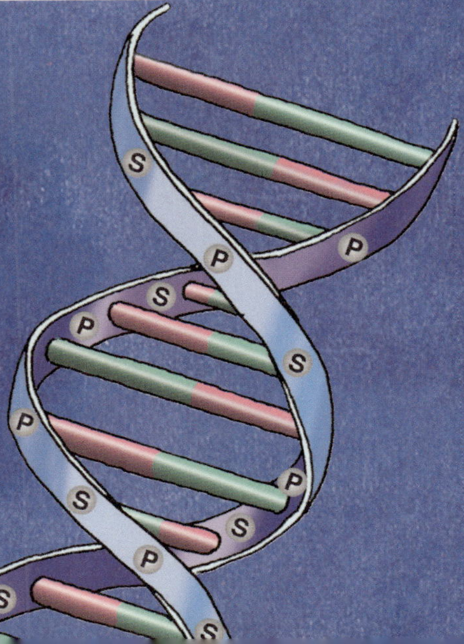

플라스틱

플라스틱의 발명

집 안을 살펴보면 플라스틱으로 만든 물건들이 많습니다. 플라스틱으로 만든 물병, 종이들을 끼워 넣는 클리어 파일, 플라스틱 큰 대야, 플라스틱으로 만든 아기 자동차, 플라스틱 호루라기 등 정말 많은 물건들이 있지요? 물건을 만들 때는 재료가 필요한데, 플라스틱은 원래부터 존재하고 있던 물질이 아닙니다. 바로 인간의 힘으로 만들어 낸 발명품입니다.

플라스틱을 발명한 사람은 미국의 존 웨슬리 하이엇이라는 사람입니다. 존은 어느 날 뉴욕의 거리를 걷다가 "상아 대신 이용할 수 있는 물질을 만드는 사람에게 만 달러의 상금을 준다."라는 광고를 보았습니다. 당시 미국에서는 당구 게임이 유행하고 있었는데, 이 당구공의 재료로 상아

우리 주변에서 흔히 볼 수 있는 플라스틱 제품.

를 사용하고 있었습니다. 하지만 코끼리의 뿔인 상아를 수입하는 것이 어려워지자 당구공의 제조 회사가 이런 광고를 내건 것이었죠. 존은 상금을 받고 싶어서 수많은 실험을 하기 시작했고, 드디어 1869년에 셀룰로이드를 개발하는 데 성공하게 되었습니다. 셀룰로이드는 셀룰로스와 녹나무를 증류하여 나오는 고체 성분인 장뇌를 섞어 만든 천연수지 플라스틱입니다.

그 이후로 석유를 정제해서 나온 제품을 이용해 만든 합성수지가 발명되었습니다. 합성수지에는 포장용 비닐봉지, 플라스틱 음료수병, 전선용 피복 재료 따위로 쓰이는 폴리에틸렌과 '거미줄보다 가늘고 강철보다 질긴 기적의 실'로 불리는 나일론 등이 있습니다. 합성수지는 대량으로 다양한 물건을 만들 수 있기 때문에 지금은 우리 생활 곳곳에 사용합니다.

셀룰로이드

나이트로셀룰로스에 장뇌와 알코올을 섞어서 만든 반투명한 천연수지를 말합니다. 장난감, 필름, 문방구, 장신구, 일용품 따위를 만드는 데에 씁니다.

요요와 훌라후프

여러분들은 어떤 장난감을 가지고 노는 걸 좋아하나요? 요요와 훌라후프를 가지고 놀아 본 적이 있나요? 이것들은 언제부터 장난감으로 사용되었으며, 어떻게 발명된 것일까요?

요요와 훌라후프를 모두 발명한 사람은 미국의 루이 마크스입니다. 루이 마크스는 원래 장난감 공장을 운영하고 있었는데 어느 날 친구들과 함께 아프리카로 여름휴가를 떠나게 되었습니다. 아프리카에서 원주민들이 노는 모습을 지켜보던 루이 마크스는 아이들이 즐겁게 가지고 노는 기구를 발견했어요. 아프리카의 아이들은 나무 덩굴을 엮어서 만든 둥근 기구를 가지고 빙빙 돌리거나, 돌을 지푸라기 같은 것에 묶어서 올렸다 내렸다 하면서 신나게 놀고 있었지요.

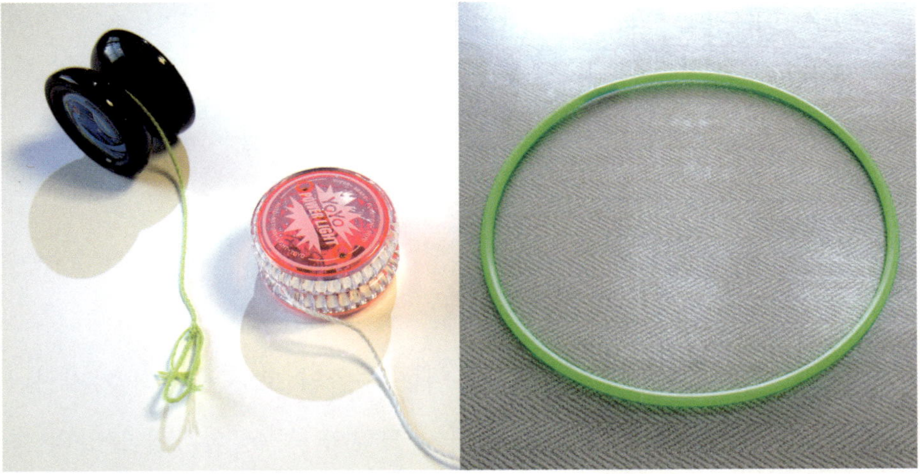

루이 마크스가 발명한 요요와 훌라후프.

이를 자세하게 관찰한 루이 마크스는 이 장난감을 자신이 운영하던 장난감 공장에서 만들어 보기로 하였습니다. 플라스틱을 이용하여 둥근 훌라후프와 요요를 만들게 된 것입니다. 이 두 가지 장난감은 놀라운 속도로 팔려 나가기 시작해서 미국뿐만 아니라 전 세계에서 사랑받기 시작했습니다.

삼각팬티

반바지 모양의 속옷.

우리가 입는 속옷의 모양은 여러 가지입니다. 반바지 모양의 속옷, 삼각형 모양의 속옷, 그리고 뒤가 트인 T자형 속옷……. 이러한 속옷 중 삼각팬티는 어떻게 발명된 것일까요?

삼각팬티를 발명한 사람은 일본의 사쿠라이 할머니입니다. 사쿠라이 할머니는 패션을 디자인하는 디자이너가 아니라 평범한 할머니였어요. 어느 여름, 집에서 손자를 돌보던 할머니는 속옷이 너무 길어서 몹시 더워하는 손자의 모습을 발견했어요. 어떻게 하면 손자가 좀 더 시원하고 간편한 속옷을 입을까 고민하던 사쿠라이 할머니는 중요한 부분을 가릴 수 있는 길이까지만 천을 남겨두고 싹둑 잘라 버렸습니다. 자른 속옷을 입은 손자는 시원하다며 매우 기뻐했어요. 이 속옷의 모양을 본따 이것을 삼각팬티라고 부르게 되었습니다.

TIP 요건 몰랐지?

삼각팬티에 연이은 발명

삼각팬티를 발명하고 그것을 판매하여 수익을 올린 사쿠라이 할머니는 내친 김에 몇 개의 팬티를 더 발명하였습니다. 그중 하나가 아톰 팬티입니다. 아톰 팬티는 유아용으로 발명된 것이에요. 아이들이 기저귀를 차고, 그 위에 팬티를 입기 위해서는 보통의 사이즈보다 통이 넓고, 입고 벗기 편리한 팬티가 필요했기 때문이지요. 아톰이 스타킹 위에 바지를 입은 것을 빗대어 이를 아톰 팬티라고 불렀어요. 연이은 팬티의 발명으로 할머니는 엄청난 부와 명예를 얻게 되었습니다.

성냥 이야기

친구의 생일이에요. 생일을 축하해 주기 위해 케이크에 촛불을 꽂고 노래를 불러 주려고 합니다. 이때 촛불에 불을 켜려면 어떻게 해야 하나요? 라이터나 성냥을 이용해서 불을 켜겠지요? 지금은 성냥보다는 라이터가 더 많이 쓰이지만, 제과점에서 케이크를 사면 그 안에 촛불을 켜기 위한 성냥이 들어 있는 것을 볼 수 있습니다. 이러한 성냥은 어떻게 발명된 것일까요?

우리가 사용하고 있는 성냥은 인이 발견되고, 과학자들이 그 특성에 대해 많은 실험을 계속한 결과 발명된 것입니다. 1827년 영국의 워커는 천을 조각조각 잘라서 나무 막대에 감싼 다음, 이것을 유리 조각을 묻힌 종이에 힘을 주어 그으면 불이 나는 실험을 하였습니다. 이것이 성냥의 초기 발명이 되었지요. 그 후에 독일인 과학자 뵈트너가 그것을 발전시켜 오늘날의 성냥으로 만들었습니다.

케이크에 초를 꽂고
불을 붙이려면 성냥이
꼭 필요해.

TIP 요건 몰랐지?

성냥을 만드는 인의 발견

성냥은 인이라는 물질의 발견으로 발명될 수 있었습니다. 인은 1669년 독일인 브란트가 은을 금으로 바꿔주는 연금술 실험을 하던 중 발견한 것입니다. 어느 날 브란트는 공기를 차단하고 소변을 끓이는 실험을 한 다음, 끓인 소변을 병에 담아 보관하였습니다. 그런데 밤이 되자 병에서 빛이 새어 나오는 것이었어요!

그것은 사람의 몸에 있던 인 성분이 소변을 통해 나와서 빛이 나는 것이었습니다. 호기심이 많았던 브란트는 실험을 통해 인이 약 50℃의 온도에서 불이 붙는 것을 발견했어요.

마가린

마가린은 상하기 쉽고 비싼 버터를 대신하기 위해 만들어진 발명품이다.

빵에 발라 먹는 마가린은 버터와 무엇이 다를까요? 버터는 우유를 이용해 만든 것이지만, 마가린은 동·식물성 기름으로 만드는데 버터와 맛과 색이 비슷합니다. 그런데 마가린의 놀라운 점은 버터와 비슷하지만 싸고 오래 보관할 수 있는 것이에요. 이러한 마가린은 어떻게 발명되었을까요?

마가린은 프랑스의 과학자 무리에에 의해 발명되었습니다. 당시 프랑스는 나폴레옹이 통치하는 시대로 전쟁 비용 때문에 국민 생활은 매우 어려웠습니다. 오랜 전쟁으로 군인들 역시 영양실조에 시달렸지요. 그래서 나폴레옹은 과학자 무리에에게 상하기 쉽고, 비싼 버터를 대신할 물질을 만들어 내라고 지시하였습니다. 실험에 몰두한 무리에는 소고기 기름과 양의 위액을 이용하여 마가린을 만들어 냈습니다. 버터와 맛이 같은 마가린은 오늘날에도 사람들이 자주 먹는 발명품입니다.

영양실조에 시달리는 군인들을 위해 다른 먹을 것을 만들어 주시오!
으~ 배가 고파 죽을 것 같아.

Q&A 꼭 알고 넘어가자!

문제 1 집 안을 살펴보면 플라스틱으로 만든 물건이 참 많습니다. 플라스틱 밀폐 용기, 대야, 장난감 등등 이런 플라스틱은 누가 만들었으며, 최초의 플라스틱은 무엇인가요?

문제 2 요요, 훌라우프, 삼각팬티, 마가린은 어떤 생각의 기법으로 발명된 것들인가요?

3. 인은 독일인 브란트가 1669년에 발견한 것입니다. 그는 연금술 실험을 하던 중, 공기를 차단한 상태에서 끓인 소변에서 빛이 새어나오는 것을 보고 처음으로 인의 성분을 발견하였습니다. 인은 쉽게 불이 붙는 성질을 가지고 있기 때문에 성냥의 원료로 사용합니다.

문제 3 우리가 사용하는 성냥이 발명될 수 있었던 것은 인이라는 물질의 발견 때문이었습니다. 인은 '누가', '어떻게' 해서 발견할 수 있었나요?

정답

1. 플라스틱은 미국의 존 웨슬리 하이엇이 1869년에 개발했는데 그때의 플라스틱은 셀룰로스와 녹나무를 증류하여 나오는 고체 성분인 장뇌를 섞어 만든 천연수지 플라스틱인 셀룰로이드였습니다. 하이엇은 당시 비싸던 상아를 대신할 재료를 찾는 광고를 보고 플라스틱을 발명했습니다.

2. 요요, 훌라후프는 아프리카 아이들이 나무로 만든 장난감을 플라스틱으로 만든 것으로 재료를 바꾸는 방법을 사용했습니다. 삼각팬티는 모양을 바꿔 보는 방법을 사용했고, 마가린은 재료를 바꿔서 쉽게 상하지 않고 값싼 물건을 만들 수 있습니다.

관련 교과

초등 4학년 2학기 3. 열 전달과 우리 생활

초등 6학년 1학기 2. 산과 염기

중학교 2학년 4. 소화와 순환

4. 발명, 발견 음식에도 있다!

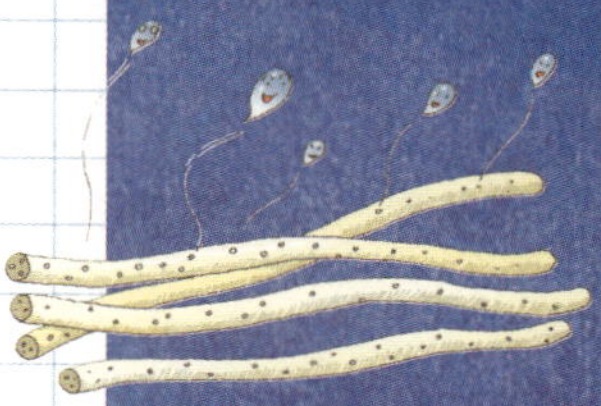

텔레비전, 전화, 컴퓨터 등과 같이 우리가 사용하는 물건 말고도 우리를 즐겁게 하는 발명품이 있습니다. 바로 음식이지요! 우리가 즐겨 먹는 음식도 좀 더 맛있고 영양가 높은 음식을 만들기 위해 노력한 결과로 탄생한 것입니다. 우리가 즐겨 먹는 음식에도 발명과 발견의 원리가 숨어 있습니다. 한 번 살펴볼까요?

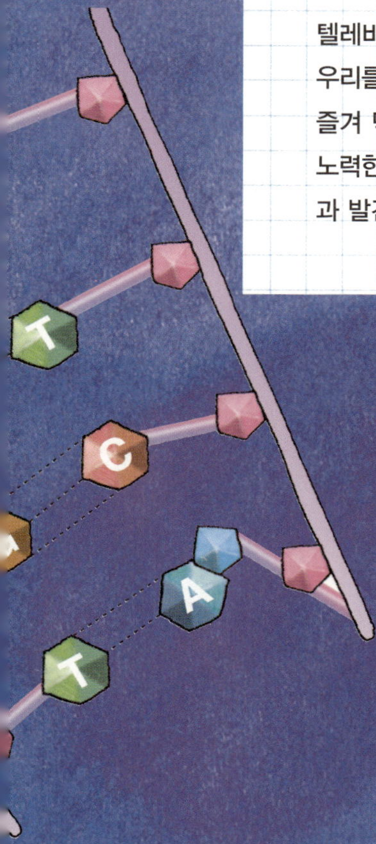

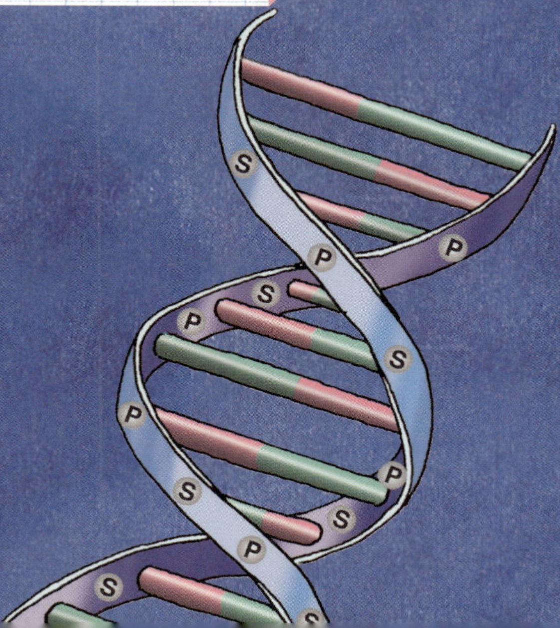

시리얼

간편하게 우리가 아침 식사로 먹고 있는 시리얼도 발명품 중의 하나입니다. 시리얼의 대표 주자인 콘플레이크를 만든 존 켈로그는 미국의 내과 의사였어요. 존 켈로그가 주로 돌보던 환자들은 영양이 불규칙한 식사로 건강에 위험을 느끼고 있었습니다. 존 켈로그는 이러한 환자들에게 채식 위주의 식단을 권했습니다. 이런 채식 위주의 식단이 곡물과 견과류로 만든

시리얼을 발명하는 것으로 생각을 발전하게 만들었지요. 동생인 윌 켈로그와 함께 발명한 곡물, 견과류, 채소로 만든 콘플레이크는 환자들 사이에서 인기 만점이 되었습니다.

시리얼은 간편한 식사 대용품이다.

그런데 초기의 콘플레이크는 지금과 같은 모양이 아니었습니다. 밀가루를 반죽하여 빵처럼 먹는 모양이었지요. 어느 날 밀가루 반죽을 잘 못 하여 딱딱하게 굳은 밀가루를 호기심과 탐구심이 강한 윌 켈로그가 버리지 않고, 튀겨서 먹어 보았어요. 그랬더니 처음에 먹던 콘플레이크보다 훨씬 더 맛이 있었고, 결국 오늘날과 같은 모양의 콘플레이크가 탄생된 것입니다.

코카콜라

우리가 피자, 햄버거, 스파게티 등을 먹을 때 빠지지 않고 찾는 음료수가 있지요? 바로 탄산음료입니다. 목을 톡 쏘는 이런 탄산음료를 대표하는 코카콜라 역시 놀라운 발명품 중의 하나입니다. 세계적으로 많은 사람들이 즐겨 마시는 코카콜라는 어떻게 발명되었을까요?

코카콜라는 1886년 미국의 약사인 펨버턴이 발명한 것입니다. 환자들을 위해 마음과 정신을 편안하게 해 주는 약 개발에 몰두했던 펨버턴은 어느 날 코카 잎과 콜라 열매, 카페인, 설탕 등을 함께 섞어 약을 만들었습니다.

그런데 물에 타먹는 약으로 만든 이것을 조수가 그만 탄산수에 섞어 버렸습니다. 하지만 실수로 만든 이 액체의 맛은 굉장히 특별했고 주변 사람들의 반응 또한 뜨거웠습니다. 코카콜라는 이렇게 실수에 의해 발명된 음료입니다.

몸에 좋지 않은 설탕을 줄인 콜라도 있다.

약으로 개발된 코카콜라이지만 마시면 시원한 느낌을 주기 때문에 청량음료로 인기를 얻게 되었습니다. 특히 1928년 암스테르담 올림픽 대회 후원을 시작으로 세계적으로 유명해지기 시작하여 1941년 제2차 세계대전 당시 미군이 배치되는 모든 전장에 1병에 5센트의 가격으로 코카콜라를 공급되어서 전 세계에 퍼지게 되었지요.

더운 날 콜라를 마시면 시원한 느낌이 들기 때문에 자주 찾게 되지만 설탕이 많아서 많이 마시면 몸에 안 좋기 때문에 적당량만 마셔야 하고 마신 후에는 꼭 양치질을 해야 치아를 보호할 수 있습니다.

카페인

쓴맛이 있는 무색의 고체로, 커피의 열매나 잎, 카카오와 차 따위의 잎에 들어 있습니다. 흥분제·이뇨제·강심제 따위에 쓰이며 중독 증세가 있으므로 주의해야 합니다.

TIP 요건 몰랐지?

콜라병의 발명

콜라병 하면 어떤 모양이 떠오르나요? 흔히 콜라는 캔에 담겨서 판매되고 있지만, 예전의 콜라는 유리병에 담겨 있었어요. 지금도 그 모습을 종종 찾아볼 수 있지요. 탄산음료계의 위대한 발명인 코카콜라의 유리병 역시 발명품 중의 하나라는 사실을 여러분들은 알고 있었나요?

초기의 코카콜라 용기는 맥주병처럼 굴곡이 없는 밋밋한 모양이었습니다. 또한, 아직 사람들에게 알려지지 않아 그 맛을 모르는 사람들도 많았어요. 다른 탄산음료수와 구분되는 특별한 병을 만들고 싶었던 코카콜라의 사장은 병 모양을 발명하는 사람에게 많은 상

코카콜라병의 변천사.

금을 주겠다는 광고를 했습니다. 미국 시골의 유리병 공장 직원인 루드는 이 광고를 보고 매일매일 새로운 병을 만드는 실험을 계속했습니다. 공장에서 실험에 몰두하는 동안 여자 친구도 까맣게 잊어 버렸지요.

그러던 어느 날, 무심한 루드에게 화가 난 여자 친구가 공장으로 찾아왔습니다. 짧은 주름치마에 몸에 딱 붙는 상의를 입고 루드를 바라보았지요. 미안한 마음으로 여자 친구를 바라보던 루드는 순간 번뜩이는 생각을 하게 되었습니다. 여자 친구의 몸처럼 굴곡이 드러나고 아랫부분에 주름이 잡힌 병 모양을 만들어 봐야겠다고 생각한 것입니다.

이렇게 예쁘고 특별한 병 만들기에 성공한 루드는 코카콜라 사의 상금을 받아 부자가 되었고, 덕분에 우리는 오늘날에도 독특한 모양의 코카콜라병을 볼 수 있게 된 것입니다.

감자튀김

패스트푸드점에서 햄버거 세트를 주문하면 햄버거, 음료수와 함께 꼭 따라오는 친구가 있습니다. 바로 감자튀김이지요. 영양 만점인 감자를 먹기 좋은 크기로 잘라서 튀겨낸 이 감자튀김은 짭짤한 맛으로 많은 사람들이 즐겨먹는 간식거리입니다.

이 감자튀김도 발명품이에요. 도대체 감자튀김은 어떻게 발명된 것일까요? 감자튀김은 1853년 미국의 한 음식점에서 일하던 조지 크럼이라는 주방장이 발명한 것입니다. 조지는 손님에게 늘 웃는 모습으로 열심히 음식들을 만들어 주었어요.

음식점 손님의 불평으로 발명된 감자튀김.

어느 날 한 손님이 음식에 곁들여 나온 튀긴 감자가 너무 두껍다고 불만을 이야기했어요. 조지는 웃는 얼굴로 감자를 좀 더 얇게 썰어 다시 튀겨 주었습니다. 그런데도 손님은 계속 투덜투덜 거렸어요. 너무 두꺼워서 감자의 속이 제대로 익은 것 같지 않다고 하면서 말이에요. 계속되는 손님의 불평에 조지도 화가 났어요. 그래서 이번에는 다시는 손님이 감자의 두께로 불평하지 않도록 감자를 최대한 얇게 썰었습니다. 그러고는 소금을 잔뜩 뿌렸어요. 얇게 썬 감자를 다시 만들어 준 대신 이 불평이 많은 손님을 골탕 먹이고 싶어서였지요.

그런데 이 감자를 먹은 손님은 더 화를 내는 것이 아니라 도리어 매우 맛있다면서 조지에게 감사 인사를 했습니다. 이상하게 생각한 조지도 그 감자튀김을 먹어 보았더니, 의외로 맛이 있었습니다. 조지는 이렇게 발명하게 된 감자튀김을 다음 날부터 정식 메뉴에 포함시켰습니다. 새로운 메뉴를 먹어 본 많은 사람들은 감자튀김의 맛에 열광하였고, 오늘날 우리도 이 감자튀김을 먹고 있는 것입니다.

라면

여러분들은 어떤 라면을 좋아하나요? 김치 맛 라면, 곰탕 맛 라면, 자장 맛 라면, 카레 맛 라면, 베트남 쌀국수식 라면 등 라면의 종류는 정말 많습니다. 물에 면과 스프를 넣어 끓여 먹는 라면은 만들기도 쉽고 맛도 좋아 많은 사람들이 식사 대용으로 먹고 있는 음식입니다. 이러한 라면도 발명품이라는 것을 여러분들은 알고 있었나요?

라면을 발명한 사람은 일본의 안도 시로후쿠입니다. 1950년 제2차 세계

만들기도 쉽고 맛도 좋은 라면.

대전에서 진 일본 사람들은 가난으로 많은 어려움을 겪었습니다. 결국, 부족한 쌀 대신에 밀가루를 이용한 식사를 하게 되었지요. 하지만, 우리나라처럼 쌀밥을 주식으로 하던 일본 사람들은 밥을 먹던 습관 때문에 밀가루로 만든 빵이나 비스킷 등으로는 배부름을 느끼기 어려웠습니다.

그래서 부족한 쌀 대신 먹게 된 밀가루를 보다 배불리 먹기 위해 안도는 실험을 시작하였습니다. 좀 더 맛있고, 간편한 밀가루 음식을 만들기 위해 안도는 실패를 거듭하면서도 연구를 계속하였습니다. 하지만 계속되는 실패로 많은 빚을 지게 되고 결국 안도는 절망감에 빠지고 말았습니다. 그러던 어느 날 안도는 술집을 찾았어요.

그 술집은 튀김 안주로 유명한 집이어서 주방장은 튀김을 튀기느라 정신이 없었습니다. 한참 동안 주방장이 튀김을 튀겨내는 모습을 관찰하던 안도의 머릿속에 번뜩이는 생각이 스쳐갔습니다. 밀가루 반죽을 얇게 썰어 튀겨 봐야겠다는 생각이 들었던 것이죠. 곧바로 집으로 돌아간 안도는 밀가루를 반죽하여 얇게 썰어서 튀기는 실험을 해 보았습니다.

결과는 성공이었습니다. 밀가루로 얇게 만든 국수를 끓는 기름에 살짝 넣으면, 밀가루에 있던 수분이 빠져나오면서 국수에 작은 구멍들이 생겼어요. 이렇게 튀긴 국수를 건조했다가 뜨거운 물에 끓였더니, 국수 사이의 구멍들에 물이 들어가서 면발이 탱탱하게 된다는 것을 안도는 계속되는 실험을 통해 알아냈습니다. 이런 과정으로 우리가 맛있게 먹는 오늘날 라면이 발명된 것입니다!

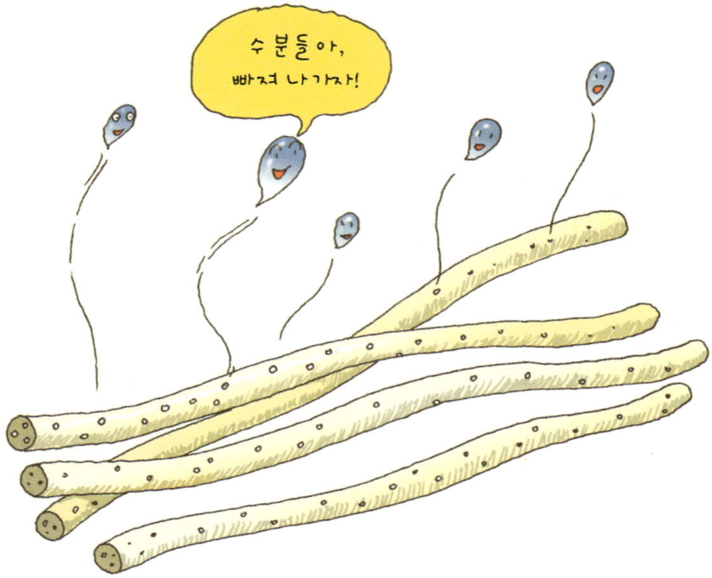

TIP 요건 몰랐지?

꼬불꼬불한 라면

맨 처음 안도가 개발한 라면은 지금의 모양과는 달랐습니다. 그때의 라면은 지금의 국수 모양에 더 가까웠어요. 하지만 요즘 우리가 먹는 라면의 모양은 어떤가요? 꼬불꼬불 면들이 작게 압축된 모양입니다. 꼬불꼬불한 라면의 면발 역시 면의 모양을 바꾸어 성공한 발명품입니다.

그렇다면 라면의 모양이 꼬불꼬불하게 바뀐 이유는 무엇일까요? 꼬불꼬불한 면은 직선의 면보다 튀기는 과정에서 많은 장점을 가지고 있습니다. 먼저 구부러진 면이 보다 빠른 시간 내에 기름을 흡수하게 도와줍니다. 또한, 꼬불꼬불한 면은 직선인 국수보다 많은 양의 상태로 포장될 수 있습니다. 라면의 작은 포장지 안에 보다 많은 양을 넣기 위해서 모양을 바꾸어 발명한 것입니다.

라면의 꼬불꼬불한 면은 국수의 직선의 면보다 튀길 때 편리하다.

핫도그

“오늘 간식은 핫도그야~!”라고 하면 여러분은 어떤 모양의 핫도그가 떠오르나요? 원래 핫도그는 긴 빵에 소시지와 양파, 피클, 양배추 등을 넣어 만든 빵을 말합니다.

하지만, 우리가 즐겨 먹는 또 다른 모양의 핫도그를 떠올려 보세요! 맛있는 소시지에 밀가루 옷을 입혀 여러 번 튀겨 내어 나무 막대에 꽂아 파는 핫도그가 떠오르지요? 이 역시 발명품 중의 하나입니다.

핫도그는 일본의 다나카라는 사람이 1977년에 발명한 것입니다. 모 식품 회사의 사원이던 다나카는 신제품 개발을 위해 매일매일 실험하고 고민

일반적으로 핫도그는 긴 빵에 소시자와 채소를 넣은 음식을 말한다.

간편하게 먹을 수 있게 발명된 핫도그.

하며 출퇴근 버스에 올랐습니다. 그러던 어느 날 버스 손잡이를 잡은 소녀의 모습이 다나카의 눈에 들어왔어요. 버스의 동그란 손잡이와 소녀의 팔목을 유심히 관찰하던 다나카는 이 모양의 빵을 만들어야겠다고 생각했습니다.

곧바로 손잡이가 있는 둥그런 빵을 다나카는 만들었고 발명을 계속하여 오늘날의 핫도그를 만들게 된 것입니다. 핫도그는 간편하게 잡고 먹을 수 있는 음식으로 지금도 많은 사람들에게 사랑받고 있습니다.

Q&A 꼭 알고 넘어가자!

문제 1 코카콜라는 어떻게 해서 발명되었나요?

문제 2 라면을 끓였을 때 면발이 탱탱하게 되는 원리는 무엇인가요?

3. 핫도그, 시리얼, 감자튀김, 라면, 콜라 등이 있습니다. 핫도그는 버스 손잡이를 보고 이와 같은 모양의 빵을 만들면 잡고 먹기 편하겠다는 생각으로 발명되었습니다. 감자튀김은 까다로운 손님을 골려 주기 위해 소금을 넣었는데 맛이 좋아서 새로운 메뉴가 되었습니다.

문제 3 우리가 좋아하고 자주 먹는 음식 중에 발명품은 어떤 것들이 있나요?

정답

1. 코카콜라는 1886년 미국의 약사인 펨버턴이 발명한 것입니다. 환자들의 마음과 정신을 편안하게 해 주는 약 개발에 몰두했던 펨버턴이 만든 약을 조수가 실수로 탄산수에 섞는 바람에 특별한 맛의 코카콜라가 발명된 것입니다.

2. 밀가루로 얇게 만든 국수를 끓는 기름에 살짝 넣으면 밀가루에 있던 수분이 빠져나오면서 국수(면)에 구멍이 생깁니다. 이 국수를 건조했다가 뜨거운 물에 다시 넣으면 국수에 있던 구멍에 물이 들어가서 오래 끓이지 않아도 국수가 금방 익고 탱탱해지는 것입니다.

관련 교과

초등 3학년 1학기 1. 우리 생활과 물질
초등 6학년 2학기 1. 물속에서의 무게와 압력
중학교 3학년 2. 일과 에너지

5. 일상생활을 바꾼 발명과 발견

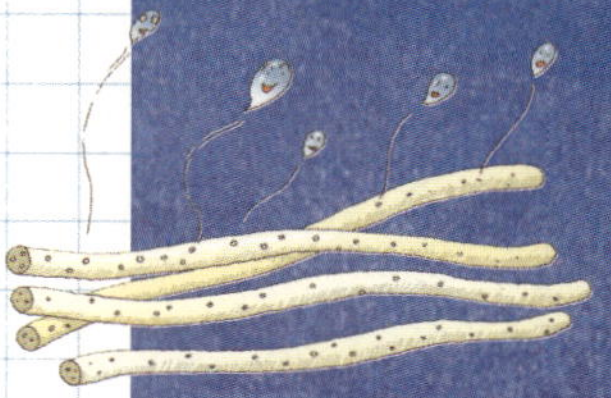

지금까지 우리는 일상생활 속의 발명과 발견을 살펴보았습니다. 여기에 소개된 것 이외에도 많은 종류의 발명품들과 발견품들이 우리의 생활 속에서 함께하고 있습니다. 그런데 이런 발명과 발견품 가운데 시대의 흐름과 사람들의 생활을 크게 변화시킨 것들이 있습니다. 어떤 것들이 있는지 한번 살펴보기로 해요.

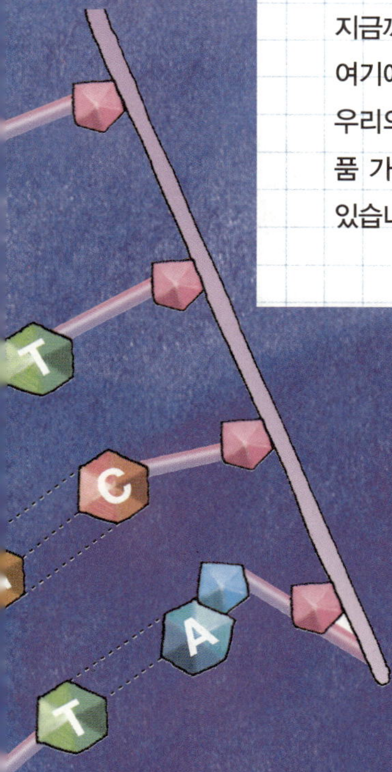

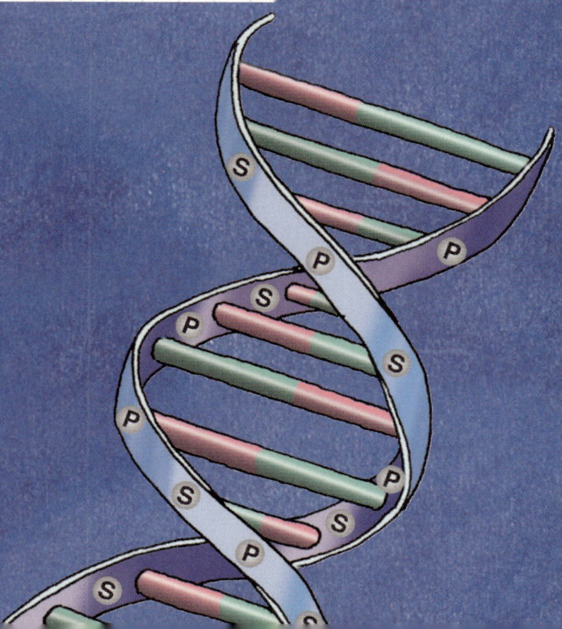

분유, 세탁기, 피임약

분유, 세탁기, 피임약, 이 세 가지 물품들은 시대적인 흐름을 바꾸는 데 결정적인 기여를 한 발명품입니다. 아기들이 먹는 분유, 옷을 세탁해 주는 세탁기, 임신을 조절해 주는 피임약……. 공통점이 없어 보이는 이 세 가지 발명품은 어떠한 변화를 가져온 것일까요?

세계 대전 이후 산업혁명이 가속화되면서, 가정에서의 역할을 중시하였던 여성들에게 사회적 진출에의 요구가 나날이 커져만 가게 되었습니다.

산업혁명으로 여성의 사회 진출이 쉬워졌다.

분유와 세탁기의 발명으로 집안일이 줄어들었다.

아이들을 돌보고, 집안일을 하고, 남편을 내조했던 여성들에게도 산업화의 발전으로 바깥에서 일할 수 있는 일자리가 생기게 된 것이지요. 하지만 젖을 먹여야 하는 아이들과 산더미 같은 빨래, 집안일 등은 여성들에게는 여전히 어려운 숙제였습니다.

이러한 때에 우유를 건조하여 만든 분유의 발명과 옷, 침대 시트 등을 깨끗하게 빨아 주는 세탁기의 발명은 여러 여성들의 집안일을 덜어 주어, 결국 여성의 사회적 진출이 보다 더 수월하도록 도와주는 역할을 하게 되었습니다. 또한, 임신을 조절하는 피임약의 발명은 원치 않는 임신으로 사회생활을 그만두어야 하는 여성들의 불안을 해소시켜 주었습니다.

이렇게 분유, 세탁기, 피임약의 발명은 여성들의 가사일과 스트레스를 줄여주는 역할뿐만 아니라 시대적으로 여성들의 사회 진출과 역할 매김을 뒷받침해 주는 중요한 발명품이 된 것입니다.

로봇 청소기

청소는 하루만 하지 않아도 먼지가 쌓여서 티가 납니다. 그렇다고 바쁜 직장 일을 하면서 청소를 매일하는 것도 쉽지 않겠지요? 그런데 '내가 출근해 있는 동안 누군가 대신 집 안을 청소해 준다면 얼마나 좋을까?' 하는 생각을 해 본 적이 있을 것입니다. 그런 아이디를 바탕으로 발명한 것이 바로 로봇 청소기입니다.

로봇 청소기는 센서를 통해 장애물을 피해 집 안 곳곳을 다니면서 혼자 청소를 합니다. 그렇기 때문에 외출할 때 청소기를 작동시키고 돌아오면 청소가 이미 끝나 있기 때문에 청소할 때 생기는 소음으로 방해받을 걱정도 없고 바쁜 직장인들에게는 시간을 많이 절약해 주지요. 집안일을 도와주는 다양한 로봇이 많이 발명된다면 우리 생활이 더욱 편리해질 것입니다.

집안일을 도와주는 로봇 청소기.
ⓒ pppspics@flickr.com

DNA 분자 구조 발견

데옥시리보핵산(Deoxyribonucleic acid, DNA), 즉 DNA의 발견은 인간 및 생물의 생명에 대한 연구의 길을 열어준 중요한 발견입니다. 1950년대에 이르러 과학자 제임스 왓슨에 의해 완전하게 설명된 DNA의 구조는 각 가닥이 풀리는 이중 나선형으로 이루어져 있으며, 풀어진 각 가닥은 서로 결합이 가능하여 새로운 DNA를 만들 수 있는 특징을 가지고 있습니다.

■ DNA 분자 구조 사진

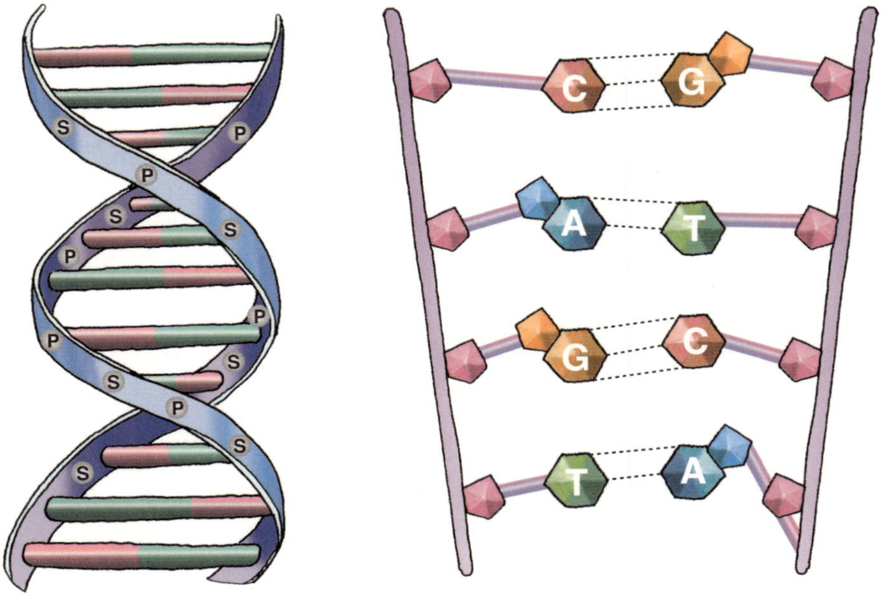

■ DNA 복제 과정

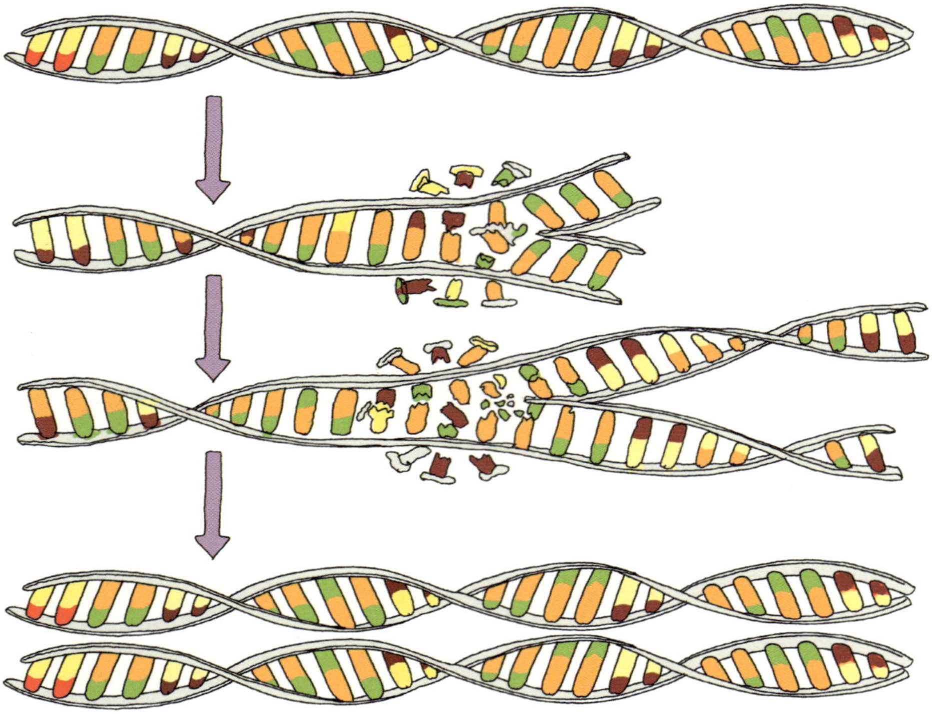

이러한 발견은 생명체의 형질과 유전을 연구하는 의학 발전에 혁혁한 기여를 하게 되었습니다. 오늘날 DNA에 대한 많은 연구는 생명체의 유전 지도 작성, 유전 질환의 치료, 유전자 조작을 사용한 새로운 생명체의 발명 및 복제 등 생명 공학의 눈부신 발전을 가져오게 하였습니다.

에이즈 바이러스(HIV)의 발견

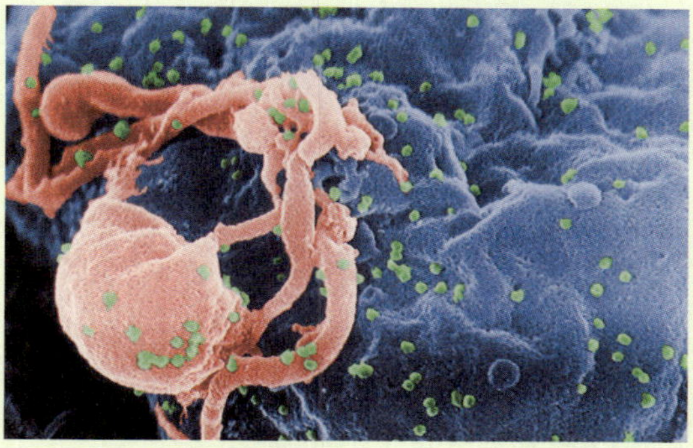
전자 현미경으로 관찰한 HIV.

에이즈의 바이러스 HIV(Human Immunodeficiency Virus)는 20세기의 가장 치명적인 바이러스로 여겨지고 있습니다. 각종 질병을 일으키는 바이러스는 1800년 대 소에게 발병한 수족구염(손, 발, 입 등에 나는 염증)을 치료하는 과정에서 발견되었습니다. 하지만 그 당시 과학자들은 이것을 박테리아 또는 세균으로 생각했습니다. 바이러스는 1930년대 이후부터 미국의 과학자 스탠리, 영국의 과학자 보덴, 피리 등에 의해 그 정체가 밝혀지게 되었어요.

1980년대가 시작될 무렵, 미국에서는 이전에 볼 수 없던 특이한 환자들이 나타나기 시작했습니다. 미국질병통제센터는 이들을 조사해 1981년 6월 5일 새로운 질병에 걸린 환자 다섯 명이 발생했다는 보고서를 발표했어요. 프랑스 파스퇴르 연구소의 뤼크 몽타니에와 프랑수아즈 바레시누시의 연구팀은 에이즈 초기 단계인 환자로부터 채취한 세포에서 바이러스를 가지고 있을 것으로 추정되는 물질을 발견했지요. 이를 토대로 연구를 계속해 1983년 에이즈가 바이러스에 의해 발생된다는 가설을 발표했으며 이듬해에는 에이즈의 원인이 되는 HIV를 분리해냈어요.

하지만 현재까지는 인간의 면역 체계를 약화시키는 변종 바이러스 HIV의 감염에 대처할 만한 특별한 치료약이 없어, 오늘날에도 많은 사람의 생명을 위기로 몰아넣고 있습니다.

Q&A 꼭 알고 넘어가자!

문제 1 가정에서 집안일을 주로 하던 여성들이 사회로 나와 남성들과 함께 일할 수 있도록 하는 데 결정적으로 기여한 발명품에는 무엇이 있나요?

문제 2 DNA란 무엇인가요?

3. DNA의 발견은 생명체의 형질과 유전을 연구하는 의학 발전에 많은 기여를 했으며 앞으로도 계속적인 연구를 통해 난치병과 유전 질환 같은 치료하기 어려운 병을 고치는 데 많은 도움이 될 것입니다. 최근 유전자 지도가 완성됨에 따라 더욱 많은 성과가 있을 것으로 기대됩니다.

문제 3 DNA의 발견은 주로 어떤 분야의 발전에 기여하였나요?